高职高专"工作过程导向"新理念教材 计算机系列

H3C CAS云计算平台架构项目实战

金海峰 坎香 主编

U0360580

清华大学出版社

北 京

内 容 简 介

本书面向云计算产业中云平台实施工程师、云平台运维工程师,以及云服务应用工程师的相关岗位要求,理实一体,注重实践能力的训练。全书依据工作过程系统化的教学理论,将工程项目教学案例化,采用"项目导入、任务驱动"的方式,导入三个教学项目:构建 H3C CAS 云计算基础平台、构建企业级云计算平台、构建混合云平台。3 个项目基本涵盖了课程技术范围内的所有岗位技能需求,规模上从小到大、知识体系上由简单到复杂、操作技能上迭代增强。项目 1 介绍 H3C CAS 平台的部署方法,具体包括 CAS 安装,虚拟机的新增、删除、修改、迁移、备份,以及虚拟机模板管理等操作。项目 2 重点介绍 H3C CAS 的集群、网络,以及共享存储的有关内容。项目 3 详细介绍 H3C CAS 公有云、分布式存储的操作方法和操作技巧。

本书内容丰富、结构合理、可操作性强,读者可以在边做边学中掌握 H3C CAS 云平台部署、运维的方法,同时也可以掌握云计算、数据存储相关的理论知识。

本书既可以作为本科、高职院校计算机网络、云计算相关专业的教材,也可以作为云计算爱好者的工具手册。

本书封面贴有清华大学出版社防伪标签,无标签者不得销售。

版权所有,侵权必究。举报:010-62782989,beiqinquan@tup.tsinghua.edu.cn。

图书在版编目(CIP)数据

H3C CAS 云计算平台架构项目实战/金海峰,坎香主编.—北京:清华大学出版社,2023.9
高职高专"工作过程导向"新理念教材. 计算机系列
ISBN 978-7-302-63257-3

Ⅰ.①H… Ⅱ.①金… ②坎… Ⅲ.①云计算—高等职业教育—教材 Ⅳ.①TP393.027

中国国家版本馆 CIP 数据核字(2023)第 058754 号

责任编辑:孟毅新
封面设计:傅瑞学
责任校对:袁 芳
责任印制:刘海龙

出版发行:清华大学出版社
    网　　址:http://www.tup.com.cn,http://www.wqbook.com
    地　　址:北京清华大学学研大厦 A 座　　　　　　邮　　编:100084
    社 总 机:010-83470000　　　　　　　　　　　邮　　购:010-62786544
    投稿与读者服务:010-62776969,c-service@tup.tsinghua.edu.cn
    质量反馈:010-62772015,zhiliang@tup.tsinghua.edu.cn
    课件下载:http://www.tup.com.cn,010-83470410
印 装 者:三河市君旺印务有限公司
经　　销:全国新华书店
开　　本:185mm×260mm　　　印　　张:17.25　　　字　　数:413 千字
版　　次:2023 年 9 月第 1 版　　　　　　　　　印　　次:2023 年 9 月第 1 次印刷
定　　价:59.00 元

产品编号:086466-01

前　言

当前,云计算产业风起云涌,云计算技术层出不穷,私有云、公有云、混合云的市场需求不断增大。在此背景下,越来越多的企业开始重新规划 IT 基础架构,组建自己的私有云平台,逐步将企业的业务平台迁移到私有云端或者公有云端。

在云计算市场上,新华三集团可以提供云计算一站式解决方案,H3C CAS 是一款可为企业数据中心提供虚拟化和云计算管理服务的软件平台。H3C CAS 云计算管理平台的虚拟机、动态资源扩展、高可用性、动态资源调度等功能,可为企事业单位提供简单易用、成本低廉、安全可靠的数据中心管理模式。

党的二十大报告指出"教育、科技、人才是全面建设社会主义现代化国家的基础性、战略性支撑"。为我国科技创新和信息技术应用的发展提出了新的要求和目标。本书紧扣国家战略和二十大精神,旨在帮助读者深入理解云计算平台架构技术,并在实际操作中掌握其应用技巧,推进数字化、智能化、网络化、信息化的发展进程,为推动高质量发展做出新的贡献。

本书具有以下特点。

(1)内容选取上与时俱进

随着云计算技术的日益革新,云计算产品层出不穷。本书选取国内外市场占有率高、认可度高的云计算产品 H3C CAS,使读者可以及时掌握当前流行的新知识、新技术、新规范和新方法。

(2)内容组织上工作过程系统化

依据工作过程系统化的教学理论开发教材,对云平台实施工程师、云平台运维工程师,以及云服务应用工程师的工作领域进行分析、归纳、提炼,将知识、技能、素养,以及创新能力的培养融入书中,通过"项目导入、任务驱动"的方式,使读者在润物细无声中掌握相应的职业能力与职业素养。

(3)内容编排上分层分类

本书体现了分层分类的教学思想,体现"因材施教""以学生为中心"的教学理念,本书内容的编排、任务的实施能够满足不同生源、不同类型的学生需求,有利于本科院校、高职高专院校师生实施分层分类教学。

本书由金海峰、坎香主编,陈进、李清、安强、吴丽征为本书前期项目设计、体系架构提供了很好的建议,吴懋刚担任了本书的审稿工作。

鉴于编者水平有限,书中不足之处在所难免,敬请广大读者批评、指正。

编　者

2023 年 3 月

目　录

项目 1　构建 H3C CAS 云计算基础平台 ································· 1

1.1　公司数据中心拓扑结构设计 ·········· 2
1.2　安装和配置 CVK 主机 ··············· 2
　　1.2.1　安装 CVM 组件 ············· 2
　　1.2.2　操作 CVK 控制台 ············ 11
1.3　安装配置 CVM(含主机池、主机管理) 15
　　1.3.1　安装 CVM ················ 15
　　1.3.2　登录 CVM ················ 15
　　1.3.3　管理主机池、主机 ·········· 15
　　1.3.4　NTP 时间服务器 ··········· 19
1.4　安装配置虚拟机 ··················· 23
　　1.4.1　新建虚拟机 vm1(Windows Server 2003) ·········· 23
　　1.4.2　新建虚拟机 vm2(Windows Server 2008) ·········· 30
　　1.4.3　安装 CAS tools ············· 39
　　1.4.4　克隆虚拟机(生成 vm3) ······ 41
　　1.4.5　修改虚拟机参数 ············ 45
　　1.4.6　虚拟机模板 ··············· 53
　　1.4.7　迁移虚拟机 ··············· 57
　　1.4.8　删除虚拟机 ··············· 59
　　1.4.9　恢复虚拟机 ··············· 64
　　1.4.10　管理虚拟机快照 ··········· 65
　　1.4.11　备份管理 ··············· 70
项目总结 ·························· 79

项目 2　构建企业级云计算平台 ····················· 80

2.1　公司数据中心拓扑结构设计 ·········· 81
2.2　增加主机池、集群、主机 ············ 82
2.3　共享文件系统管理 ················· 84
　　2.3.1　配置 HPE MSA 2040 存储 ···· 84
　　2.3.2　增加共享文件系统 ·········· 88
　　2.3.3　上传 CentOS 7 镜像文件 ····· 93

2.4　虚拟机的管理 ······································· 95
　　2.4.1　增加虚拟机 vm1 ··························· 95
　　2.4.2　为 vm1 安装 CAS tools ················· 96
　　2.4.3　部署虚拟机 vm2、vm3、vm4 ·········· 97
2.5　网络管理 ··· 98
　　2.5.1　网络拓扑设计 ··························· 98
　　2.5.2　增加虚拟交换机 vswitch1 ············· 99
　　2.5.3　端口聚合 ······························· 100
　　2.5.4　修改虚拟机的网络 ····················· 101
　　2.5.5　端口镜像 ······························· 106
　　2.5.6　DHCP 服务配置 ······················ 108
　　2.5.7　NetFlow 配置 ························· 112
2.6　集群管理 ··· 114
　　2.6.1　HA 策略管理 ························· 114
　　2.6.2　电源智能管理 ··························· 118
　　2.6.3　虚拟机规则 ··························· 123
　　2.6.4　动态资源调度 ··························· 125
2.7　动态资源扩展 ····································· 129
　　2.7.1　增加 DRX 策略 ······················· 130
　　2.7.2　修改业务监控 ··························· 134
　　2.7.3　定时扩展策略设置 ····················· 135
　　2.7.4　纵向扩展策略设置 ····················· 137
2.8　告警管理 ··· 140
　　2.8.1　实时告警信息 ··························· 140
　　2.8.2　告警阈值配置 ··························· 144
　　2.8.3　告警通知管理 ··························· 147
2.9　虚拟化拓扑 ······································· 161
　　2.9.1　查看计算拓扑 ··························· 162
　　2.9.2　查看网络拓扑 ··························· 162
　　2.9.3　查看存储拓扑 ··························· 163
项目总结 ·· 164

项目 3　构建混合云平台 ······························· 166
3.1　公司数据中心拓扑结构设计 ······················· 167
3.2　部署 CVM 资源 ··································· 168
　　3.2.1　设置 RAID 磁盘阵列 ················· 168
　　3.2.2　安装 CAS 平台 ······················· 180
　　3.2.3　部署虚拟机模板 ······················· 183
3.3　部署分布式存储系统 vStor ······················· 189

3.3.1　空闲磁盘(非系统磁盘)分区 ……………………………… 189

3.3.2　建立集群 vStorgeP 并增加存储节点服务器 …………… 192

3.3.3　添加存储网络虚拟交换机 ………………………………… 194

3.3.4　vStor 配置 …………………………………………………… 195

3.4　部署邮件服务器 …………………………………………………… 208

3.5　增加云资源 ………………………………………………………… 212

3.6　组织管理 …………………………………………………………… 214

3.6.1　增加组织 ……………………………………………………… 214

3.6.2　修改组织 ……………………………………………………… 217

3.7　CIC 用户及用户分组管理 ……………………………………… 220

3.7.1　用户组管理 …………………………………………………… 220

3.7.2　用户管理 ……………………………………………………… 222

3.8　用户预注册电子流 ………………………………………………… 225

3.8.1　用户预注册 …………………………………………………… 226

3.8.2　用户审批 ……………………………………………………… 227

3.9　用户申请云主机 …………………………………………………… 229

3.9.1　申请云主机 …………………………………………………… 229

3.9.2　审批云主机 …………………………………………………… 232

3.9.3　管理云主机 …………………………………………………… 236

3.10　虚拟桌面池管理 ………………………………………………… 244

3.10.1　增加浮动虚拟桌面池 ……………………………………… 244

3.10.2　增加固定虚拟桌面池 ……………………………………… 247

3.10.3　批量部署固定虚拟桌面 …………………………………… 252

3.10.4　分配固定虚拟桌面池的虚拟桌面 ………………………… 255

3.10.5　管理虚拟桌面池 …………………………………………… 257

3.11　虚拟机模板发布 ………………………………………………… 262

3.11.1　发布虚拟机模板 …………………………………………… 262

3.11.2　删除组织中发布的虚拟机模板 …………………………… 263

项目总结 ……………………………………………………………………… 264

参考文献 ……………………………………………………………………… 265

项目 1　构建 H3C CAS 云计算基础平台

 项目描述

　　长江市红海新能源科技有限公司主要从事工业铝型材、门窗型材、流水线型材、散热器型材、铝管材等铝合金型材的生产与加工。公司总投资 5000 万元,占地 12 万平方米,建筑面积 3 万平方米。

　　公司已有业务平台包括公司门户网站、公司 OA、域名解析服务器 DNS,以及文件服务器等,随着云计算技术的发展,公司高管决定将现有业务迁移到云计算平台中去,以提高服务器的利用率,保证各业务平台的高效、稳定运行。

 项目需求分析

　　该公司现有两台型号为 H3C R4900 的服务器,内存、CPU 和硬盘等硬件能够满足公司所有业务平台的需求,具体服务器硬件配置如表 1-1 所示。为了防止各业务平台之间相关干扰,计划为该公司部署 H3C CAS 云计算平台,并在云平台上为各业务平台部署独立的虚拟主机。各虚拟主机所需的内存、CPU、存储等主要硬件参数如表 1-2 所示。

表 1-1　公司服务器硬件配置

服务器主机	CPU	内存/GB	硬盘/GB	网卡/块	备　注
H3CR4900-1	1.7GHz,6 核	16	600	1	部署云平台
H3CR4900-2	1.7GHz,6 核	16	600	1	部署云平台

表 1-2　公司各虚拟主机主要硬件参数要求

虚拟主机	操作系统	CPU	内存/GB	硬盘/GB	备　注
vm1	Windows Server 2003 SP2(64 位)	1 核	2	10	公司 OA 系统
vm2	Windows Server 2008 R2(64 位)	1 核	2	20	公司网站
vm3	Windows Server 2003 SP2(64 位)	1 核	2	10	域名解析服务器 DNS
vm4	Windows Server 2008 R2(64 位)	1 核	2	20	文件服务器

学习目标

　　(1) 了解云计算的基础概念。
　　(2) 初步掌握 H3C CAS 平台的安装、控制台管理,以及远程登录。
　　(3) 初步掌握 H3C CAS 的云资源管理,包括虚拟机、主机和主机池管理。
　　(4) 初步掌握 H3C CAS 的操作员及权限管理。

1.1　公司数据中心拓扑结构设计

根据公司现有硬件、业务平台的实际情况,公司拓扑结构设计如图 1-1 所示,该拓扑不仅适用于实验环境,也适用于小型企业生产环境。

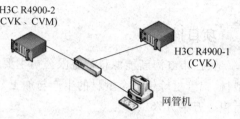

公司现有的三台服务器通过一台二层交换机 H3C 3600 互联,两台型号为 H3C R4900 的服务器用来部署 H3C CAS 云计算平台,H3C R4900-1 安装 CVK 组件,部署虚拟机 vm1 和 vm2,H3C R4900-2 安装 CVK、CVM 组件,部署虚拟机 vm3 和 vm4,同时作为云数据中心的管理平台。公司 IP 地址分配如表 1-3 所示。

图 1-1　公司拓扑结构图

表 1-3　公司 IP 地址分配

服务器	类　型	操　作　系　统	IP 地址	备　注
H3C R4900-1	主机	CVK	192.168.1.2/24	CVK 主机
	虚拟机 vm1	Windows Server 2003 SP2(64 位)	192.168.1.21/24	
	虚拟机 vm2	Windows Server 2008 R2(64 位)	192.168.1.22/24	
H3C R4900-2	主机	CVK、CVM	192.168.1.3/24	CVK 主机
	虚拟机 vm3	Windows Server 2003 SP2(64 位)	192.168.1.31/24	
	虚拟机 vm4	Windows Server 2008 R2(64 位)	192.168.1.32/24	

1.2　安装和配置 CVK 主机

1.2.1　安装 CVM 组件

1. 安装前准备工作

在数据中心,业务服务器即虚拟机所在的物理主机,用于支撑数据中心运行,业务服务器上只需安装 CAS 的 CVK 组件,称为 CVK 主机。

(1) 硬件要求如表 1-4 所示。

表 1-4　所需硬件参数

硬　件　类　型	硬　件　规　格
CPU	＞2GHz(推荐值)
内存	＞4GB(推荐值)
网卡	＞100Mb/s(推荐值)

服务器的硬件参数必须满足上述要求,否则会影响安装和相关服务。

(2) 安装介质准备:对于 H3C CAS 云计算平台的安装介质,可以访问新华三官方网站下载 CAS 的试用版,没有功能限制,将下载的 ISO 文件刻录成启动光盘或者写入 U 盘即可,推荐使用 U 盘安装,本书的云计算基础知识与操作实战将围绕 E0306 版本进行。

2. 制作 U 盘安装介质

市场上可以制作 U 盘安装介质的软件比较多,比如 UltraISO、WinISO、大白菜、老毛桃等,本书中以 UltraISO 9.1 试用版为例,介绍制作 U 盘安装介质的方法。

(1) 安装好 UltraISO 9.1 试用版后,打开软件,UltraISO 9.1(试用版)主页面如图 1-2所示。

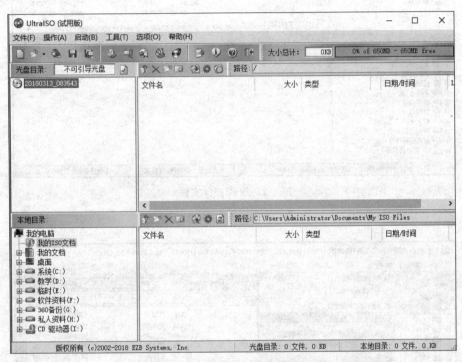

图 1-2 UltraISO(试用版)主页面

(2) 选择"文件"→"打开"命令,打开 H3C CAS 的 ISO 文件,如图 1-3 所示。

(3) 选择"启动"→"写入硬盘镜像"命令,如图 1-4 所示。

(4) 确认"硬盘驱动器"为目标 U 盘后,单击"写入"按钮,如图 1-5 所示。

(5) 稍等片刻,U 盘安装介质就制作完成了。

3. 安装 CVK 主机

准备好安装介质后,就可以开始安装 CVK 主机了。

(1) 将 E0306 安装 U 盘插入物理服务器 H3C R4900-1,从 U 盘启动服务器后,开始CVK 的安装过程,首先是选择安装语言,默认是 English,如图 1-6 所示。

(2) 系统开始加载安装文件,并检测服务器硬件参数,如图 1-7 所示。

如果物理服务器的硬件不支持或者 BIOS 未打开 CPU 虚拟化支持,或者内存低于4GB,系统会出现安装错误提示信息,无法继续安装 CVK。

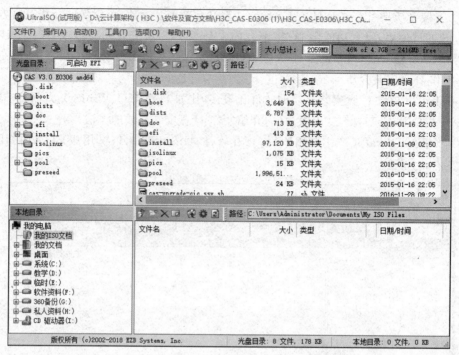

图 1-3　加载 ISO 文件

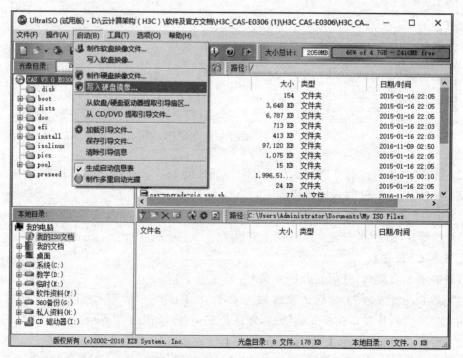

图 1-4　"写入硬盘镜像"命令

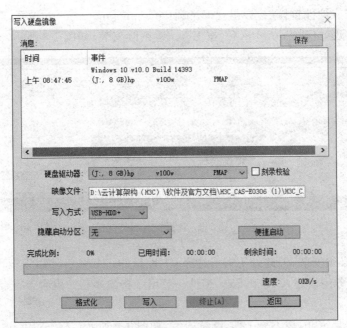

图 1-5　写入硬盘镜像

| Language |
Amharic	Gaeilge	Malayalam	Thai
Arabic	Galego	Marathi	Tagalog
Asturianu	Gujarati	Nepali	Türkçe
Беларуская	חברית	Nederlands	Uyghur
Български	Hindi	Norsk bokmål	Українська
Bengali	Hrvatski	Norsk nynorsk	Tiếng Việt
Bosanski	Magyar	Punjabi (Gurmukhi)	中文(简体)
Català	Bahasa Indonesia	Polski	中文(繁體)
Čeština	Íslenska	Português do Brasil	
Dansk	Italiano	Português	
Deutsch	日本語	Română	
Dzongkha	ქართული	Русский	
Ελληνικά	Қазақ	Sámegillii	
English	Khmer	ಕನ್ನಡ	
Esperanto	ಕನ್ನಡ	Slovenčina	
Español	한국어	Slovenščina	
Eesti	Kurdî	Shqip	
Euskara	Lao	Српски	
Suomi	Latviski	Svenska	
Français	Македонски	Tamil	
		తెలుగు	

图 1-6　语言选择

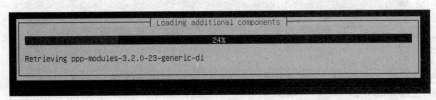

图 1-7　加载安装文件

（3）系统完成硬件自检后，会出现 Ubuntu installer main menu 界面，选择安装的组件，按 Tab 键将光标定位到 Continue 后，按 Enter 键继续安装，如图 1-8 所示。

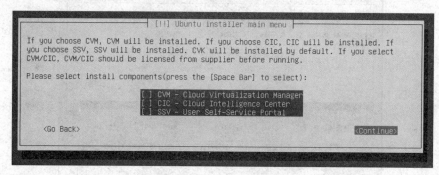

图 1-8　选择安装组件

CVK 组件必须安装，但此处不需要选择 CVK 组件；CVM 组件用于管理 CVK 主机，该组件将在 2.3 任务中讲述；CIC 和 SSV 组件一般用于构建多租户混合云，该组件将在项目三中讲述。

（4）选择网卡 eth0，按 Enter 键，继续安装，如图 1-9 所示。

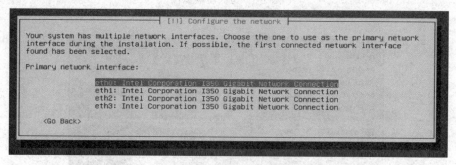

图 1-9　选择网卡

（5）输入管理 IP 地址，如 192.168.1.2，按 Enter 键继续安装，如图 1-10 所示。

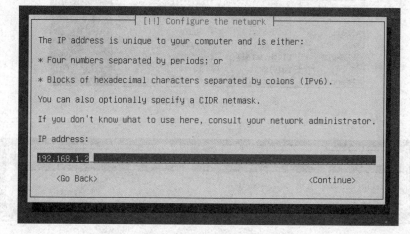

图 1-10　输入管理 IP 地址

（6）输入子网掩码 255.255.255.0，按 Enter 键继续安装，如图 1-11 所示。

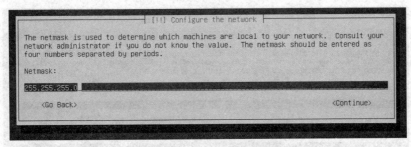

图 1-11　输入子网掩码

（7）输入网关地址 192.168.1.1，按 Enter 键继续安装，如图 1-12 所示。

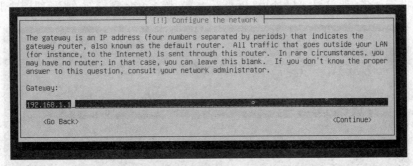

图 1-12　输入网关地址

（8）提示输入 DNS 地址，如网络环境中没有 DNS 服务器，可不必设置，按 Enter 键继续安装，如图 1-13 所示。

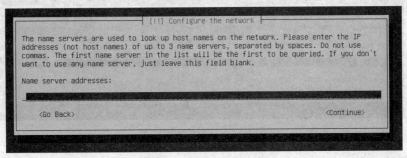

图 1-13　输入 DNS 地址

（9）开始检测网卡 eth0 的网络连接情况，如图 1-14 所示。

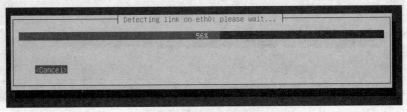

图 1-14　检测网络连接情况

（10）设置主机名 cvknode-1，按 Enter 键继续安装，如图 1-15 所示。

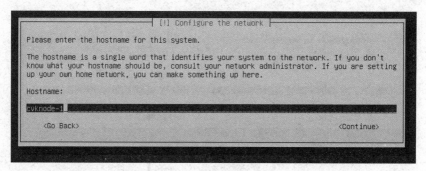

图 1-15　设置主机名

（11）设置域名，如没有 AD 环境，可不必设置，按 Enter 键继续安装，如图 1-16 所示。

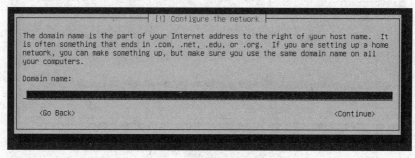

图 1-16　设置域名

（12）设置管理员密码，按 Enter 键继续安装，如图 1-17 所示。

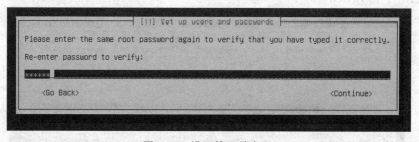

图 1-17　设置管理员密码

（13）再次输入密码后，按 Enter 键继续安装，如图 1-18 所示。

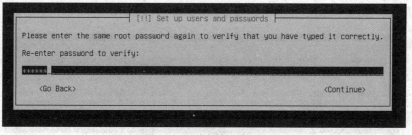

图 1-18　再次输入密码

（14）提示是否加载 FC HBA 驱动器，保持默认选择 No 不加载 FC HBA 驱动器，按 Enter 键继续安装，如图 1-19 所示。

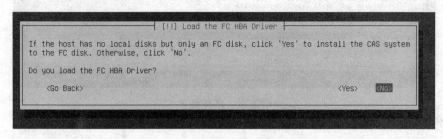

图 1-19　不加载 FC HBA 驱动器

FC HBA 是一种光纤卡，可用于服务器与存储器之间的高速数据连接，本项目案例的服务器未配备该卡，所以此处不需要加载 FC HBA 驱动器。

（15）提示硬盘分区方式，选中 Guided-use entire disk，按 Enter 键继续安装，如图 1-20 所示。

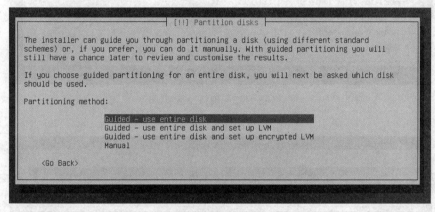

图 1-20　选择硬盘分区方式

① Guided-use entire disk：使用全部的硬盘空间。

② Guided-use entire disk and set up LVM：使用全部空间，并设置 LVM。

③ Guided-use entire disk and set up encrypted LVM：使用全部空间，并设置加密 LVM。

LVM 是 Linux 环境下对磁盘分区进行管理的一种机制，LVM 是建立在硬盘和分区之上的一种逻辑层，通过建立 LVM 可以将若干个磁盘分区整合为一个卷组，成为存储池。LVM 管理员在该卷组上创建若干个逻辑卷组，建立文件系统，进一步灵活优化管理硬盘分区。

（16）选择磁盘"SCSI1（0，0，0）（sda）"安装系统，按 Enter 键开始自动分区，如图 1-21 所示。

（17）提示是否写入分区信息，选择 Yes，按 Enter 键继续安装，如图 1-22 所示。

（18）开始安装 CVK，如图 1-23 所示。

（19）安装时间取决于服务器的性能，等待一段时间后，即可以完成 CVK 的安装，如

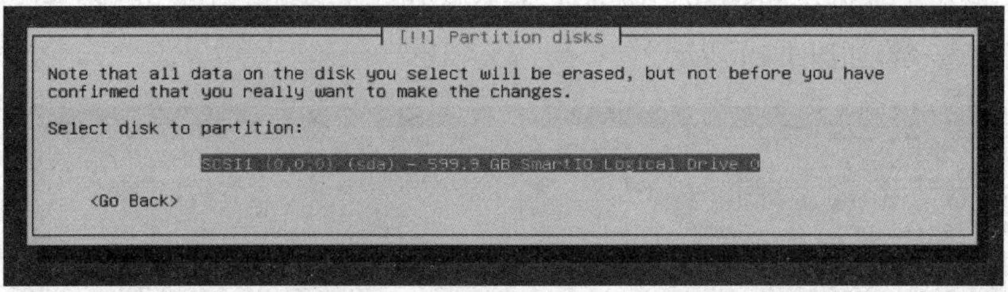

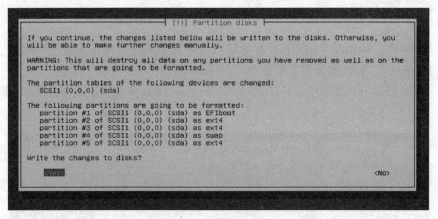

图 1-21　选择磁盘

图 1-22　确认分区

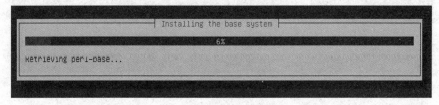

图 1-23　安装 CVK

图 1-24 所示。

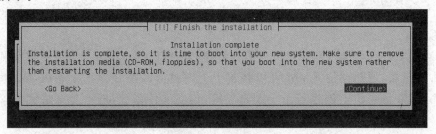

图 1-24　完成安装

（20）系统重启后，进入 CVK 的控制台界面，如图 1-25 所示。

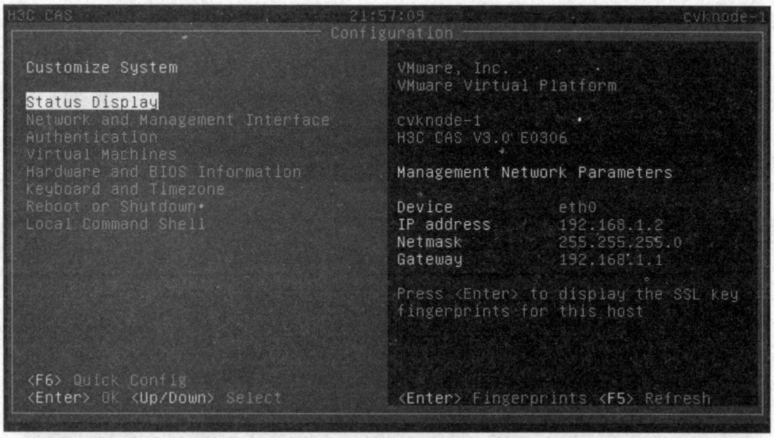

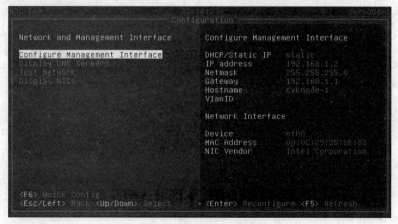

图 1-25 CVK 控制台

1.2.2 操作 CVK 控制台

完成 CVK 主机的安装后，系统自动进入 CVK 控制台，通过该控制台，管理员可以查看主机、虚拟机运行状态信息，并可以修改、测试网络连接。

① Status Display：查看 CVK 主机基本信息，如主机名、CAS 版本、IP 地址信息等。

② Network and Management Interface：修改网络信息，如 IP 地址、网关、DNS 等。

③ Authentication：登录或者登出 CAS。

④ Virtual Machines：查看虚拟机信息。

⑤ Hardware and BIOS Information：查看硬件和 BIOS 等参数。

⑥ Keyboard and Timezone：键盘和时区设置。

⑦ Reboot or Shutdown：重启或关机。

⑧ Local Command Shell：打开 Shell 命令窗口。

1. 修改 CVK 的管理 IP 地址为 192.168.1.20/24

（1）在 CVK 控制台界面，通过 Up/Down 选中 Network and Management Interface，按 Enter 键进入 Network and Management Interface 界面，如图 1-26 所示。

图 1-26 配置管理网络接口信息

在 Network and Management Interface 界面中可以查看到 IP 地址分配方式是 static，即静态获取，还可以查看 IP 地址信息、主机名、MAC 地址等。

（2）选中 Configure Management Interface，按 Enter 键进入验证界面，如图 1-27 所示。

图 1-27　控制台认证

（3）输入管理密码后，提示选择网卡，服务器只有一块网卡名称是 eth0，保持默认 eth0 选择，如图 1-28 所示，按 Enter 键进入 IP 地址配置页面，如图 1-29 所示。

图 1-28　选择网卡

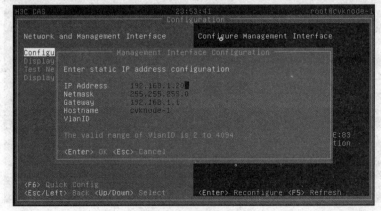

图 1-29　配置 IP 地址

（4）输入 IP 地址后，连续按 Enter 键确认子网掩码、网关、主机名、VlanID 后完成修改网络地址配置，如图 1-30 所示。

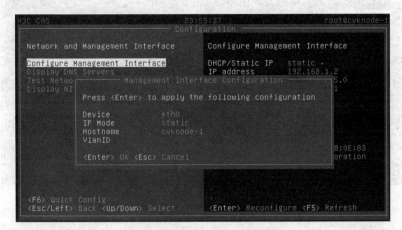

图 1-30 确认修改网络配置

（5）提示是否确认修改网络配置，按 Enter 键使配置生效，如图 1-31 所示。

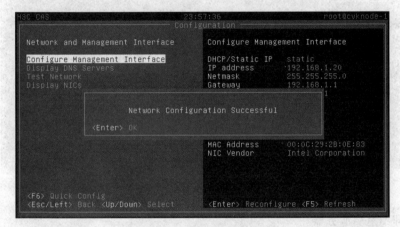

图 1-31 网络配置生效

（7）提示网络配置成功，按 Enter 键完成本次操作。

2. 重启/关机 CVK 主机

CVK 主机安装成功后，需要重启/关机 CVK 主机。

（1）在图 1-25 所示的 CVK 控制台界面，通过 Up/Down 选中 Reboot or Shutdown，按 Enter 键进入 Reboot or Shutdown 界面，如图 1-32 所示。

Shutdown Server 用于关闭 CVK 主机。

（2）选中 Reboot Server，按 Enter 键进入管理员验证界面，输入管理员密码后，按 Enter 键确认，如图 1-33 所示。

如果先前管理员已经经过验证，系统将跳过这一步，也可以通过菜单 Authentication 完成管理员验证。

（3）提示是否重启服务器，按 Enter 键重启服务器，如图 1-34 所示。若按 Esc 键，则将

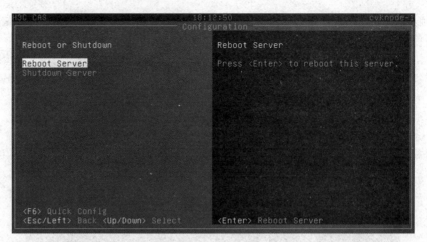

图 1-32　开关机界面

图 1-33　管理员验证

取消操作，即不重启服务器。

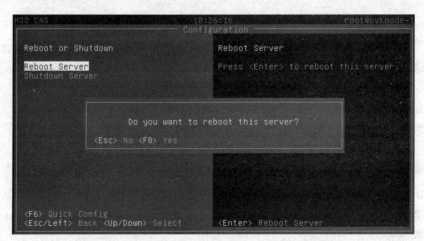

图 1-34　确认重启操作

1.3 安装配置 CVM(含主机池、主机管理)

1.3.1 安装 CVM

安装 CVM 的操作步骤可以参照任务 2.2,在图 1-8 中选中 CVM 即可,具体安装步骤不再重复。

1.3.2 登录 CVM

CVM 安装完成后,可以通过浏览器进行访问。日常管理中,推荐使用最新版本的 Chrome、Firefox 浏览器。

(1) 登录网管机,正确配置 IP 地址信息后,打开 Firefox 浏览器,在地址栏中输入地址: http://192.168.1.3:8080/cas/login,打开 CVM 登录界面,如图 1-35 所示。

图 1-35 CVM 登录界面

(2) 输入 CVM 管理员的用户名和密码,验证成功后,进入 CVM 管理页面,如图 1-36 所示。

默认情况下,CVM 管理员账户为 admin,密码为 admin。CVM 管理员账户不要与系统账户(root)混淆,系统账户 root 用于 CVK 主机的系统维护。

1.3.3 管理主机池、主机

主机是相对于虚拟机而言的,是指实体物理服务器。主机的作用是给虚拟机提供物理硬件环境,有时也称为"宿主"。通过物理主机和虚拟机的配合,一台服务器上可以安装多个操作系统,并且各操作系统之间还可以相互通信,就像是有多台物理服务器一样。主机即是

15

图 1-36　CVM 管理页面

安装了 CVK 的物理服务器。

集群是由物理主机和虚拟机组成的计算资源集合,其目的是使管理员可以像管理单个实体一样轻松地管理多个主机和虚拟机,从而降低管理的复杂度,同时对集群内的主机和虚拟机状态进行监测。

主机池是一个逻辑概念,用于管理数据中心内的集群与主机。主机可以存在于主机池中,也可以加入集群。未加入集群的主机全部在主机池中,通过主机池对其进行管理。

1. 新建/删除主机池

CVM 管理平台登录成功后,在连接 CVK 主机之前,管理员首先需要建立一个主机池。

(1) 远程登录到 CVM 管理平台,在左侧导航菜单"云资源"上右击,选择"增加主机池"命令,如图 1-37 所示。

(2) 输入主机池名称,如 hosts,如图 1-38 所示,单击"确定"按钮。

至此,主机池 hosts 增加成功,如图 1-39 所示。

主机池增加成功后,按照实际需要便可以开始增加集群、增加主机等操作了。

(3) 主机池增加成功后,可以在该主机池上右击,选择"删除主机池"命令,完成删除主机池操作,如图 1-40 所示。

2. 增加主机

增加完主机池后,可以在主机池内增加主机,便于主机的统一管理。

(1) 单击"云资源",在主机池 hosts 上右击,选择"增加主机"命令,如图 1-41 所示。

(2) 进入主机信息输入页面,输入 CVK 主机的 IP 地址、用户名及密码,如图 1-42 所示,单击"确定"按钮。

图 1-37　"云资源"页面

图 1-38　增加主机池

图 1-39　增加主机池成功

图 1-40　删除主机池

图 1-41　选择"增加主机"命令

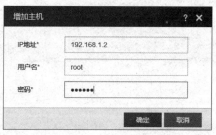

图 1-42　增加主机

（3）完成 IP 地址、用户名和密码验证后，主机池 hosts 下便会出现新增的 CVK 主机，如图 1-43 所示。

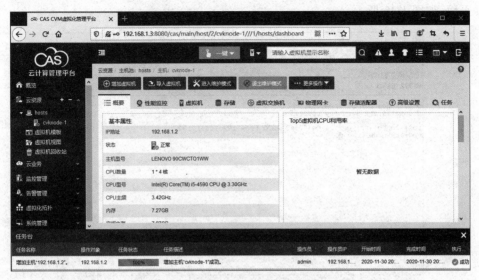

图 1-43　增加主机成功

（4）在主机池 hosts 中增加主机 cvknode-2(192.168.1.3)，如图 1-44 所示。

图 1-44　增加主机 cvknode-2

1.3.4　NTP 时间服务器

NTP 是用来使计算机时间同步化的一种协议，一般情况下，数据中心需要设置一台 NTP 时间服务器，其他所有的物理主机都到该 NTP 时间服务器同步时间，以确保 CVM 管理系统的所有主机时间同步。当然，也可以设置虚拟机与 NTP 时间服务器保持同步。

1. 设置 CVM 主机的时间

一般情况下，CAS 安装成功后，系统时间与真实时间之间存在一定的偏差，此时需要手动修改系统时间。

（1）以 SSH2 方式远程登录到 CVM 主机，或者直接打开 CVM 主机的控制台，进入 Shell 页面，如图 1-45 所示。

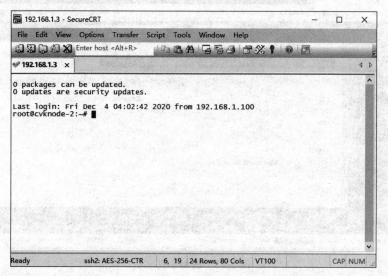

图 1-45　登录 Shell

（2）执行命令 date 以查看当前系统时间，如图 1-46 所示。

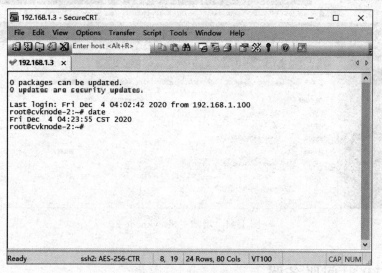

图 1-46　查看系统时间

（3）如果系统时间不正确，输入命令 date -s "YMD H:M:S"，如图 1-47 所示。

2. 设置 NTP 时间服务器

通过设置 NTP 时间服务器，能够使 CVM 系统中所有物理主机的系统时间与指定的 NTP 时间服务器同步。

（1）单击左侧导航菜单中的"云资源"，在右侧页面中选择"更多操作"→"NTP 时间服

图 1-47 修改系统时间

务器"命令,如图 1-48 所示。

图 1-48 云资源页面

(2)输入 NTP 服务器的 IP 地址,建议输入 CVM 主机的 IP 地址,如图 1-49 所示,单击"确定"按钮。

(3)NTP 时间服务器设置成功后,稍等片刻,可以查看到 cvknode-2 的系统时间与 CVM 保持一致了,如图 1-50 和图 1-51 所示。

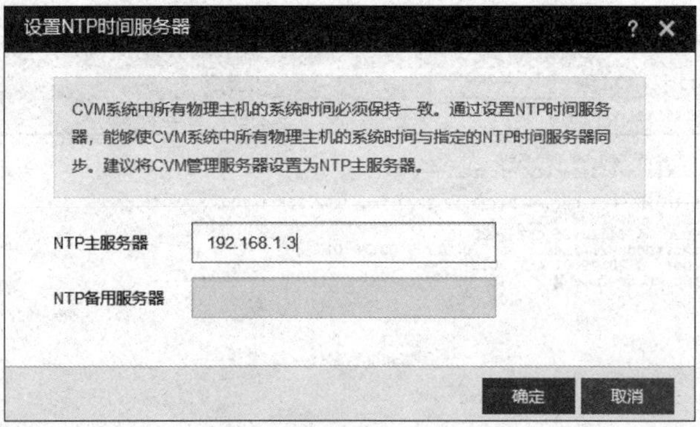

图 1-49 设置 NTP 主服务器

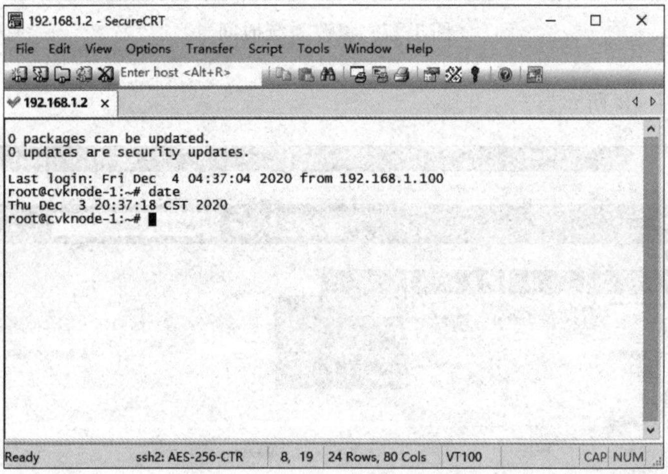

图 1-50 主机 cvknode-1 系统时间

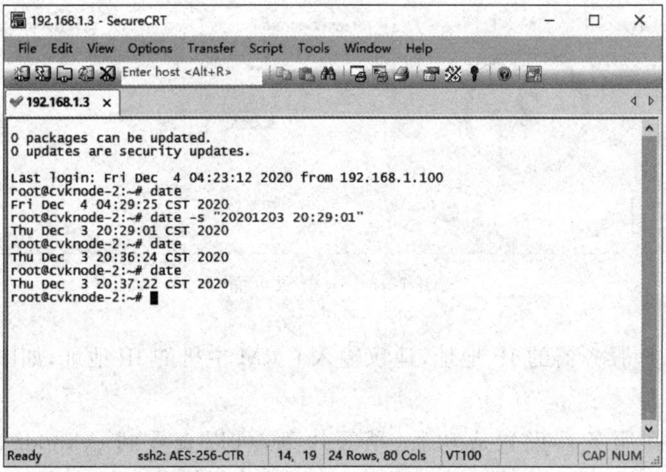

图 1-51 主机 cvknode-2 系统时间

1.4　安装配置虚拟机

虚拟机是通过软件模拟的计算机系统,它具有和真实操作系统一样的功能。每个虚拟机都具有一些虚拟设备,这些设备提供和物理硬件系统一样的功能,同时多个虚拟机可以运行于一台或多台物理计算机上,不同虚拟机之间独立操作、独立存储,相互之间不会产生干扰。

1.4.1　新建虚拟机 vm1(Windows Server 2003)

虚拟机运行于 CVK 主机之上,虚拟机几乎支持所有的 Windows、Linux 操作系统,但是不同厂商服务器、不同操作系统,在安装的时候驱动会有所不同。本节实战操作将在 cvknode-1 上安装 Windows Server 2003 SP2。

(1)单击"云资源"→hosts→cvknode-1,然后在右侧窗口中单击"增加虚拟机"按钮,如图 1-52 所示。

图 1-52　主机 cvknode-1 页面

(2)进入新建虚拟机向导,输入"显示名称"、选择操作系统 Windows、选择版本 Microsoft Windows Server 2003 R2(64 位),如图 1-53 所示,单击"下一步"按钮。

选择的操作系统版本务必与接下来加载的 ISO 保持一致,否则安装的时候可能会出现找不到硬盘驱动等问题。

(3)进入虚拟机硬件信息设置页面,按需分配硬件资源,如图 1-54 所示。

(4)单击"光驱"右侧文本框或者搜索图标,选择 ISO 镜像,如图 1-55 所示。

(5)进入存储管理页面,单击"上传文件"按钮,打开"上传文件"对话框,如图 1-56 所示。

(6)单击"请选择文件把文件拖曳到这里",加载操作系统 ISO 文件,单击"开始上传"按钮,如图 1-57 所示。

(7)待操作系统 ISO 文件上传成功后,关闭"上传文件"页面,如图 1-58 所示。

图 1-53　设置虚拟机基本信息

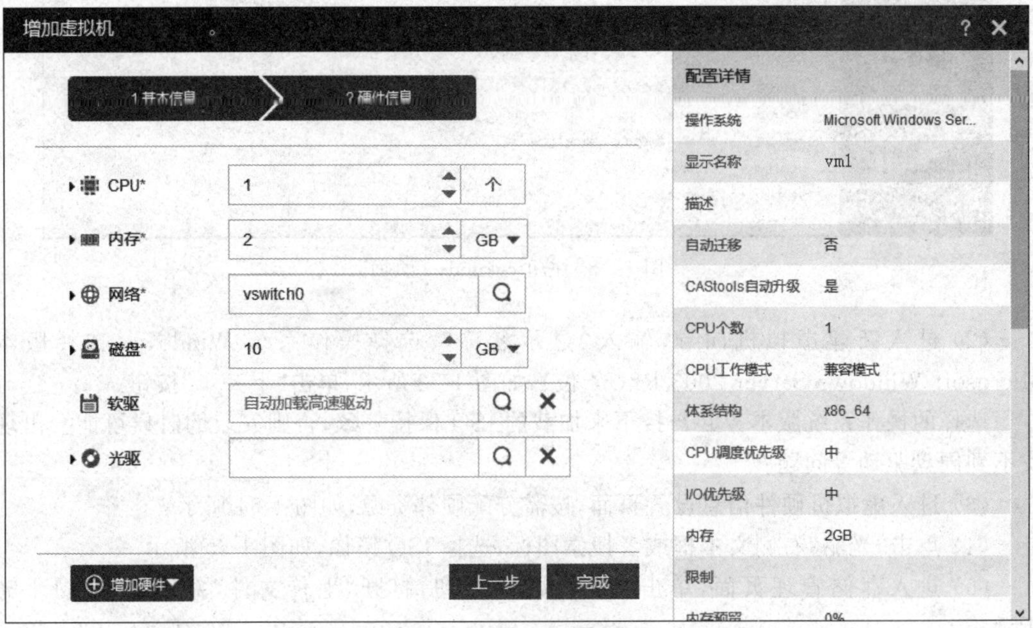

图 1-54　设置虚拟机硬件信息

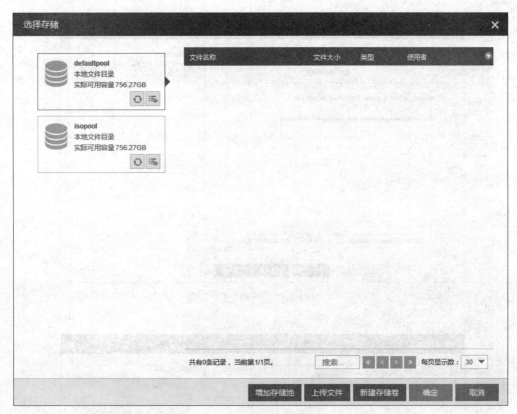

图 1-55　选择 ISO 镜像

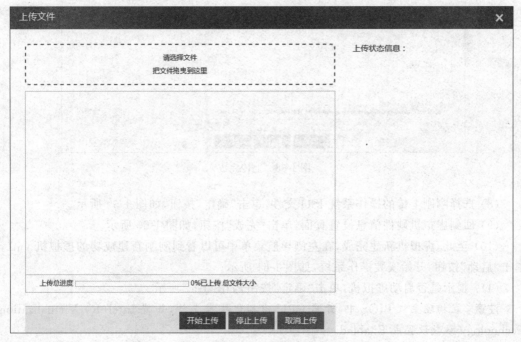

图 1-56　上传文件

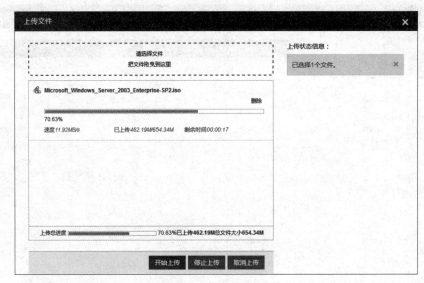

图 1-57　开始上传

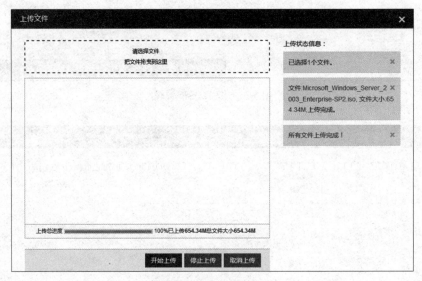

图 1-58　上传完成

（8）选择刚刚上传的操作系统 ISO 文件，单击"确定"按钮，如图 1-59 所示。

（9）回到虚拟机硬件信息设置页面，单击"完成"按钮，如图 1-60 所示。

（10）至此，虚拟机新建完成，在左侧导航菜单中可以看到刚刚新建成功的虚拟机 vm1，单击"启动"按钮，开始安装操作系统，如图 1-61 所示。

（11）提示是否启动虚拟机，单击"确定"按钮，如图 1-62 所示。

注意：在物理主机 BIOS 中，开启 CPU 虚拟化技术支持，如将 Intel(R) Virtualization Technology 参数设置成 Enabled。

（12）虚拟机启动成功后，在右侧窗口中单击"控制台"，然后单击"打开网页控制台"按钮，如图 1-63 所示。

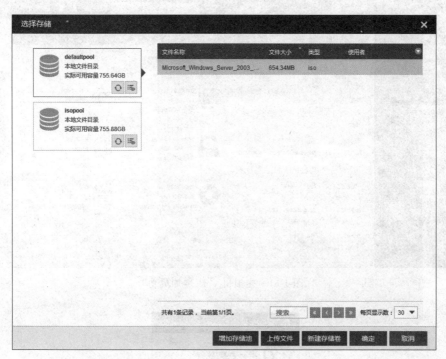

图 1-59　选择 ISO 镜像文件

图 1-60　确认硬件信息

图 1-61　虚拟机 vm1 增加成功

图 1-62　启动虚拟机

图 1-63　虚拟机 vm1 控制台

（13）浏览器提示阻止了两个弹窗，单击"选项"按钮，在下拉菜单中选择"允许 192.168.1.3 弹出窗口"，如图 1-64 所示。

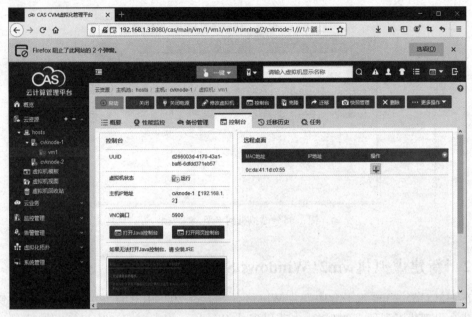

图 1-64　虚拟机 vm1 控制台安全提示

（14）打开虚拟机 vm1 控制台，如图 1-65 所示。

图 1-65　打开虚拟机 vm1 控制台

如果控制台连接失败，可以关闭控制台窗口，重新打开一次即可。

（15）Windows Server 2003 R2 的安装过程与在物理服务器上安装一样，此处不再重复。

如果操作系统安装结束后发现部分硬件驱动有问题，比如系统提示网卡驱动未安装，如图 1-66 所示，可以完成 CAS tools 的安装，该工具包可以修复、优化部分硬件驱动。

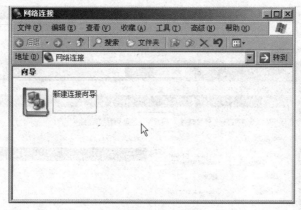

图 1-66　虚拟机网卡驱动未安装

1.4.2　新建虚拟机 vm2（Windows Server 2008）

在 H3CCAS 0306 云平台中安装 Windows Server 2008 R2（64 位）操作系统的时候，初始安装会出现找不到硬盘的现象，本节以安装 Windows Server 2008 R2（64 位）为例，重点讲解安装过程中如何加载驱动，即解决安装过程中不能够识别硬盘的现象。

（1）参照 2.4.1 小节，新建虚拟机 vm2，并加载 Windows Server 2008 R2（64 位）的 ISO 文件，启动虚拟机开始安装操作系统，如图 1-67 所示。

图 1-67　安装 Windows Server 2008

（2）单击"现在安装"按钮，开始安装操作系统，如图 1-68 所示。

图 1-68　确认安装

（3）选择要安装的操作系统，单击"下一步"按钮，如图 1-69 所示。

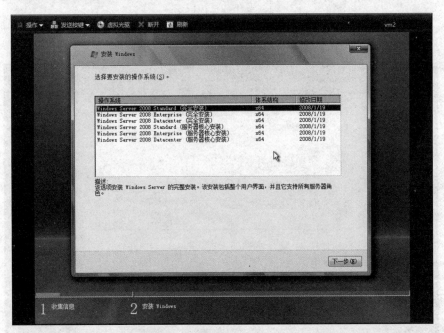

图 1-69　选择 Windows Server 2008 版本

（4）选中"我接受许可条款"复选框，单击"下一步"按钮，如图 1-70 所示。

（5）设置安装操作系统的方式为"自定义（高级）"，如图 1-71 所示。

（6）系统提示找不到硬盘，如图 1-72 所示。

31

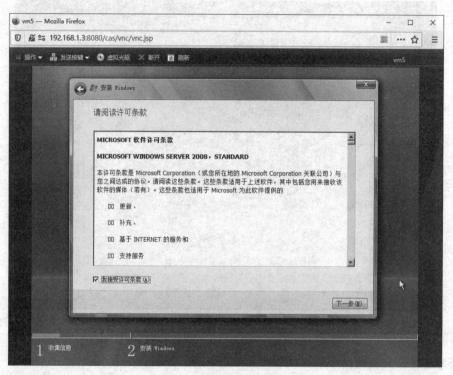

图 1-70　接受许可条款

图 1-71　安装类型

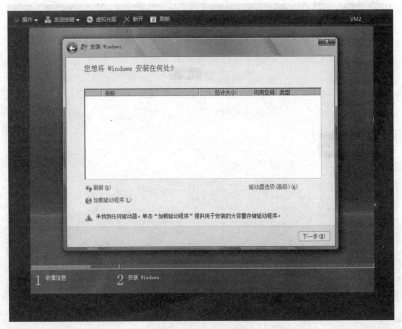

图 1-72　安装位置

（7）依次展开左侧导航菜单"云资源"→hosts→cvknode-1，单击新建的虚拟机 vm2，在右侧内容页面上单击"修改虚拟机"按钮，如图 1-73 所示。

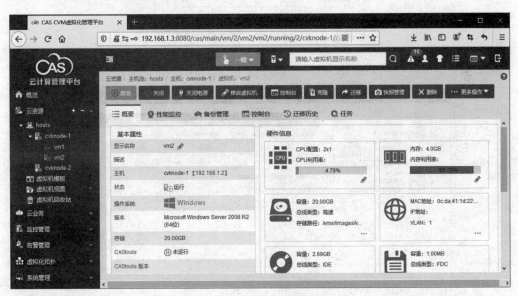

图 1-73　虚拟机 vm2 管理页面

（8）打开"光驱"选项，单击"断开连接"按钮，结果如图 1-74 所示。

（9）断开光驱连接后，重新单击"连接"按钮，打开"选择文件"对话框，如图 1-75 所示。

（10）单击"选择文件"右侧文本框或者搜索按钮，打开"选择存储"对话框，如图 1-76 所示。

图 1-74　设置光驱

图 1-75　"选择文件"对话框

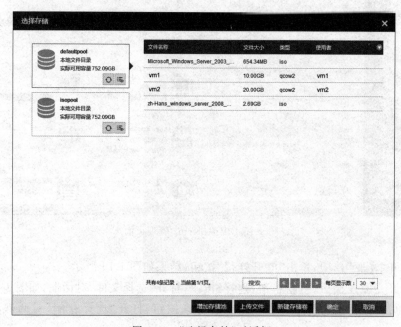

图 1-76　"选择存储"对话框

（11）单击 isopool 存储，选中 virtio-win2008R2.iso，单击"确定"按钮，如图 1-77 所示。

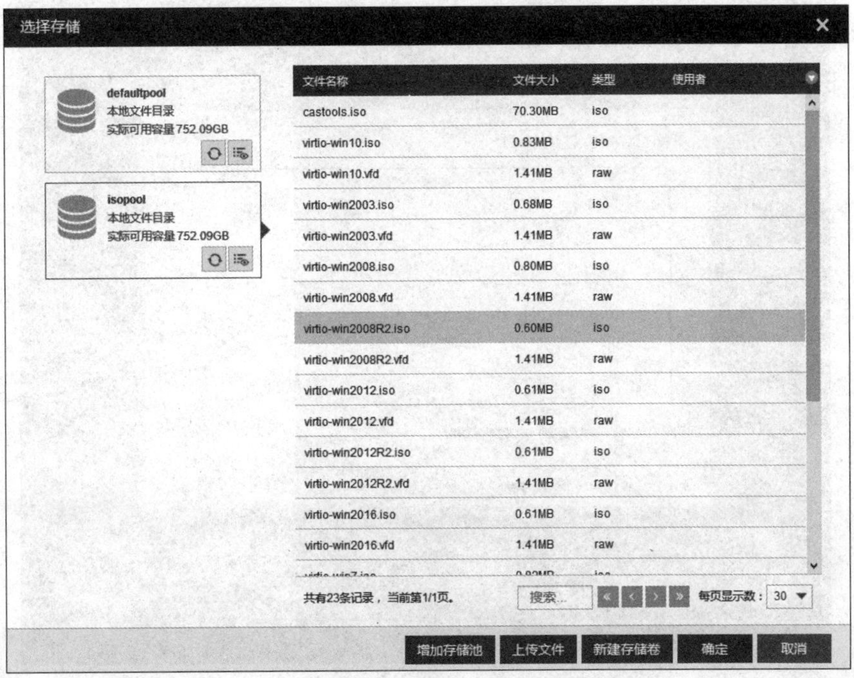

图 1-77　选择驱动镜像

（12）回到"选择文件"对话框，如图 1-78 所示，单击"确定"按钮。

图 1-78　确认选择镜像

（13）切换到 vm2 的控制台，单击"加载驱动程序"按钮，接着单击"浏览"按钮，如图 1-79 所示。

（14）选择 CD 驱动器，单击"确定"按钮，如图 1-80 所示。

（15）系统提示找不到任何驱动程序，请忽略该提示信息，单击"确定"按钮，如图 1-81 所示。

（16）单击"重新扫描"按钮，系统提示要加载的驱动，如图 1-82 所示。

（17）全选所有的驱动程序后，单击"下一步"按钮，如图 1-83 所示。

（18）完成磁盘分区后，单击"下一步"按钮，如图 1-84 所示。

（19）重新加载 Windows Server 2008 的镜像文件，如图 1-85 所示。

（20）Windows Server 2008 R2（64 位）的安装过程和物理服务器上安装一样，此处不再重复。

图 1-79　选择驱动文件位置 1

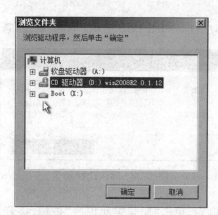

图 1-80　选择驱动文件位置 2

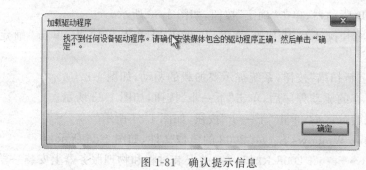

图 1-81　确认提示信息

图 1-82　选择驱动程序

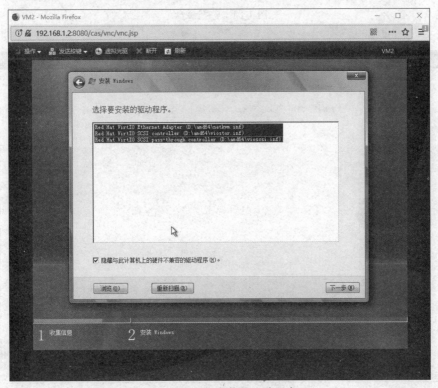

图 1-83　选择安装的驱动程序

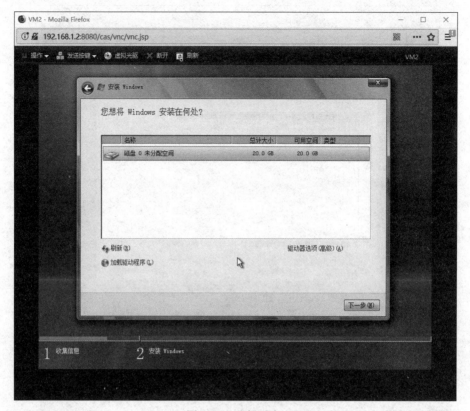

图 1-84　选择磁盘

图 1-85　重新加载镜像文件

1.4.3　安装 CAS tools

　　CAS tools 是 H3C CAS CVM 辅助工具，管理员通过安装该工具，可以实现对 CVM 的控制与状态监控，包括取得 CVM 的 CPU 使用情况、内存使用情况和操作系统类型。CAS tools 包含在 CAS 的安装镜像中。

　　下面以 vm1 为例，介绍 CAS tools 的安装步骤。

　　(1) 依次展开左侧导航菜单"云资源"→hosts →cvknode-1，单击虚拟机 vm1，在右侧内容页面上单击"修改虚拟机"按钮，打开修改虚拟机页面，如图 1-86 所示。

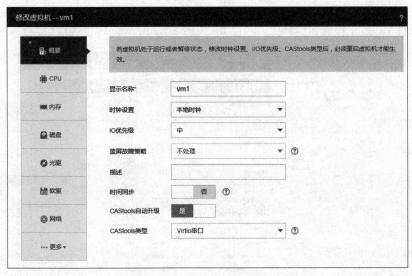

图 1-86　修改虚拟机页面

　　(2) 单击"光驱"选项，单击"连接"按钮，如图 1-87 所示。如果光驱已经加载了其他 ISO 文件，先"断开连接"。

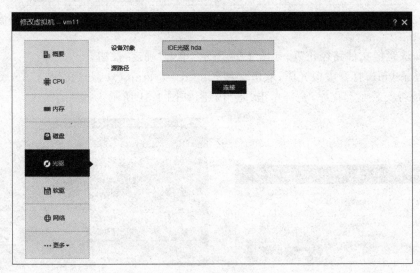

图 1-87　释放光驱

39

（3）提示选择 CAS tools 镜像文件，单击"选择文件"右侧文本框或者搜索按钮，打开"选择文件"对话框，如图 1-88 所示。

图 1-88　选择文件

（4）选择 isopool 存储，选择 castools.iso，如图 1-89 所示，单击"确定"按钮。

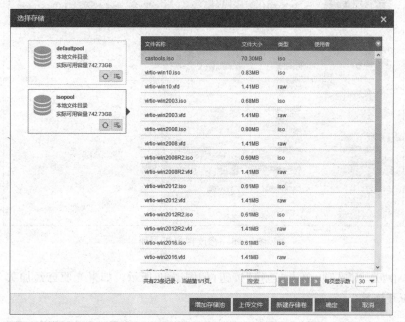

图 1-89　选择 castools.iso

（5）确认镜像文件路径正确，如图 1-90 所示，单击"确定"按钮。

（6）登录 vm1，打开虚拟光驱，双击文件 cas_tools_setup.exe，开始安装 CAS tools 工具包。提示是否安装驱动程序，全部单击"是"按钮，如图 1-91 所示。

图 1-90　确认 castools.iso

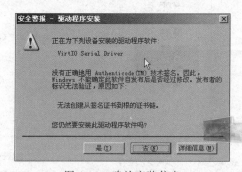

图 1-91　确认安装信息

(7) 安装过程中,系统可能会提示安装多个硬件驱动,单击"是"或者"仍然继续"按钮完成驱动安装,如图 1-92 所示。

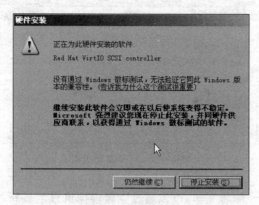

图 1-92　继续安装

(8) 至此,CAS tools 就安装完成了,在虚拟机 vm1 的概要中可以看到,CAS tools 处于"运行"状态,如图 1-93 所示。

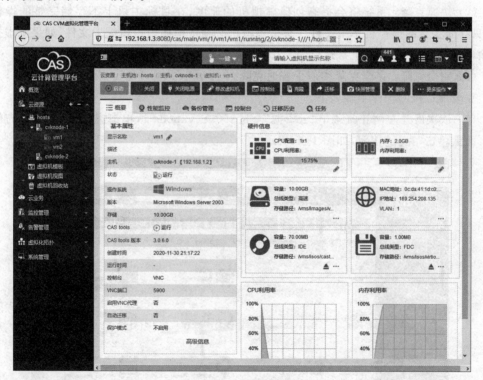

图 1-93　CAS tools 状态

(9) CAS tools 安装成功后,虚拟机 vm1 的网卡驱动也安装成功,如图 1-94 所示。

1.4.4　克隆虚拟机(生成 vm3)

根据需求分析,cvknode-2 上的虚拟机 vm3、vm4 与 cvknode-1 上的 vm1、vm2 操作系

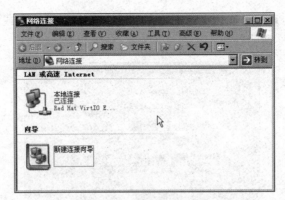

图 1-94　网卡驱动正常

统相同,vm1 和 vm2 已经部署完毕,可以通过克隆虚拟机来生成新的虚拟机。

克隆虚拟机有三种方式,即普通克隆、快速克隆、完全克隆。

(1) 普通克隆:重新创建全新、独立的虚拟机,包括计算节点和存储节点,目标虚拟机与源虚拟机之间不存在依赖关系,相互之间可以独立运行。

(2) 快速克隆:系统将会提高创建虚拟机的速度,在目标主机上不存储完整的操作系统,只存储少量的虚拟机系统文件。目标虚拟机必须依赖源虚拟机配置文件,如果源虚拟机删除,目标虚拟机将不能正常运行。

(3) 完全克隆:完全克隆类似于普通克隆。

克隆虚拟机的操作步骤如下。

(1) 依次展开左侧导航菜单"云资源"→hosts →cvknode-1,单击虚拟机 vm1,在右侧内容页面上单击"克隆"按钮,如图 1-95 所示。

图 1-95　虚拟机 vm1 管理页面

（2）输入克隆后的虚拟机名称，克隆方式选择"普通克隆"，克隆目的位置选择"主机间克隆"，如图 1-96 所示，单击"下一步"按钮。

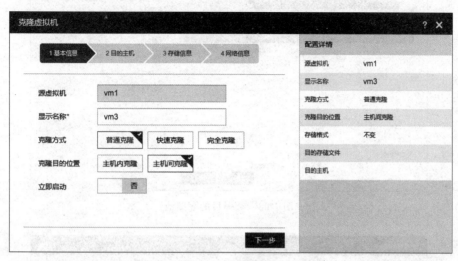

图 1-96   克隆虚拟机

（3）选择目标主机 cvknode-2，如图 1-97 所示，单击"下一步"按钮。

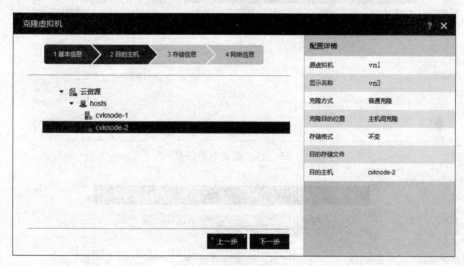

图 1-97   选择目标主机

（4）提示选择目的存储池，保持默认选择，如图 1-98 所示，单击"下一步"按钮。

（5）提示设置网络参数，单击"网络参数"下方文本框或者搜索按钮，如图 1-99 所示。

（6）选中"手工分配"，设置 IP 地址、子网掩码、默认网关、DNS 等信息，如图 1-100 所示，单击"确定"按钮。

（7）确认网络参数，如图 1-101 所示，单击"完成"按钮。

（8）系统会自动完成虚拟机的克隆任务，克隆时间取决于主机和网络性能，克隆完成后，主机 cvknode-2 中可以看到克隆产生的虚拟机 vm3，如图 1-102 所示。

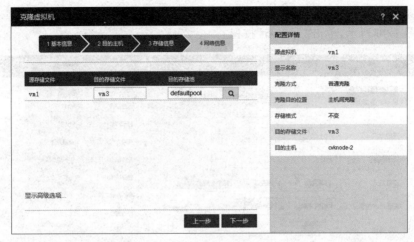

图 1-98　选择目的存储池

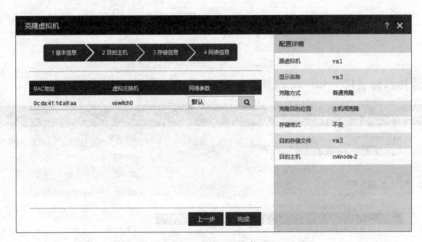

图 1-99　设置网络信息

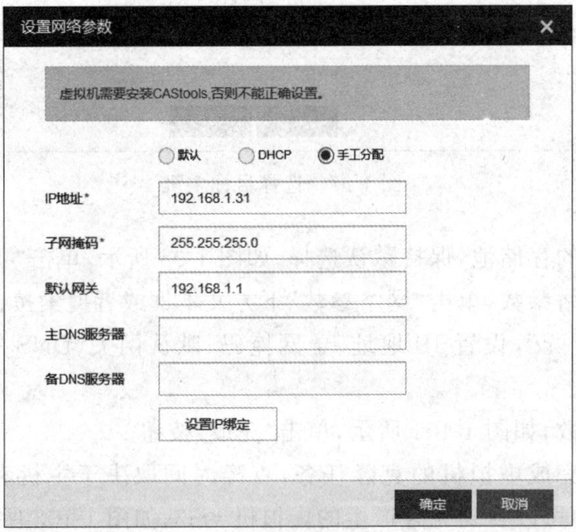

图 1-100　设置网络参数

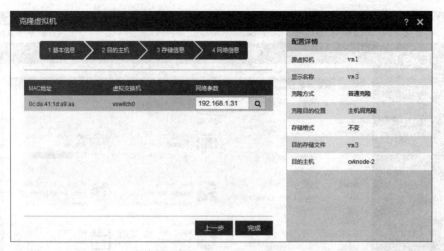

图 1-101 确认网络参数

图 1-102 克隆成功

1.4.5 修改虚拟机参数

虚拟机创建成功后,经常需要修改虚拟机参数,比如增加 CPU、内存、硬盘空间等。

下面以 vm1 需要增加 1 个 CPU、扩展 1GB 内存、增加 10GB 硬盘空间为例,讲解修改虚拟机参数的方法。

1. 增加 CPU、内存

(1) 依次展开左侧导航菜单"云资源"→hosts→cvknode-1,单击虚拟机 vm1,在右侧内容页面上单击"修改虚拟机"按钮,如图 1-103 所示。

图 1-103　虚拟机 vm1 管理页面

（2）单击左侧 CPU 选项，在右侧页面单击"CPU 个数"右侧的上下箭头，可以增减 CPU 个数，修改完成后，单击"应用"按钮，如图 1-104 所示。

图 1-104　修改虚拟机 CPU

CPU 有关参数说明如下。

① 最大分配：主机分配给虚拟机的 CPU 个数不能够超过该值，默认该值与主机 CPU 个数相同。

② 主机 CPU：主机的 CPU 个数。

③ CPU 工作模式：设置 CPU 的工作模式，包括兼容模式、主机匹配模式、直通模式三种，默认值为兼容模式。如果 CPU 工作模式设置为直通模式，则该虚拟机在迁移时，要求目的主机与源主机的 CPU 型号必须保持一致。

④ 体系结构：指 CPU 架构，包括 64 位和 32 位，i686 体系架构的 CPU 仅支持 32 位操作系统，通常选择 64 位。

⑤ CPU 调度优先级：虚拟机申请 CPU 资源的优先级，包括低、中、高三个等级。

⑥ 预留：设置 CPU 预留频率。主机在给虚拟机分配 CPU 时，虚拟机实际消耗多少，则分配多少给虚拟机，但实际消耗不能超过虚拟机所设置的大小。为了避免虚拟机实际应用的 CPU 不够用，可以在主机上为虚拟机预留一部分 CPU。

⑦ 限制：主机分配给虚拟机的 CPU 频率不能超过该值。

（3）单击左侧"内存"选项，在右侧页面单击"改变分配"右侧的上下箭头，可以增减内存，修改完成后，单击"应用"按钮，如图 1-105 所示。

图 1-105　修改虚拟机内存

① 预留：设置内存预留百分比。主机在给虚拟机分配内存时，虚拟机实际消耗多少内存，则分配多少内存给虚拟机，但实际消耗不能超过虚拟机所设置的内存大小。为了避免虚拟机实际应用的内存不够用，可以在主机上为虚拟机预留一部分内存。

② 限制：表示该虚拟机可以使用的最大内存容量，主机分配给虚拟机的内存，不能超过该限制大小。

③ 资源优先级：虚拟机申请内存资源的优先级，包括低、中、高三个等级。

④ 内存气球：开启内存气球后，可以动态调整虚拟机内存大小。

注意：虚拟机处于运行或者暂停状态下，只能够增加 CPU 个数、内存大小，不能够降低。

2. 增加磁盘空间

当虚拟机存在快照或者多级镜像文件下时，不能够调整磁盘空间。

（1）单击左侧"磁盘"选项，在右侧页面单击"存储"右侧的上下箭头，可以增减磁盘空间，如图 1-106 所示，修改完成后，单击"应用"按钮。

图 1-106 修改虚拟机磁盘

磁盘有关参数说明如下。

① 缓存方式：设置虚拟机存储文件的磁盘缓存方式，包括直接读写、二级虚拟缓存、一级物理缓存、一级虚拟缓存。

② 存储格式：虚拟机磁盘的存储格式包括：高速、智能。当虚拟机处于"运行"状态，存在快照或磁盘存在多级镜像文件的情况下，不允许修改虚拟机的存储格式。高速是指初始分配时指定固定磁盘大小给虚拟机使用；智能是指按照虚拟机实际使用情况动态分配磁盘空间，智能方式便于提高物理磁盘的利用率。

③ 存储：分配给虚拟机的磁盘空间。

④ 限制 I/O 速率：限制磁盘的最大读写速度，默认为空，表示不限制。

⑤ 限制 IOPS：限制磁盘每秒读写请求的最大数量，默认为空，表示不限制。

（2）修改磁盘容量后，重新启动虚拟机，打开磁盘管理工具，可以找到新增的磁盘，如图 1-107 所示。

（3）在新增磁盘上右击，选择"新建磁盘分区"命令，如图 1-108 所示。

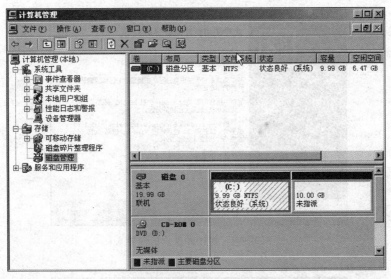

图 1-107　磁盘管理

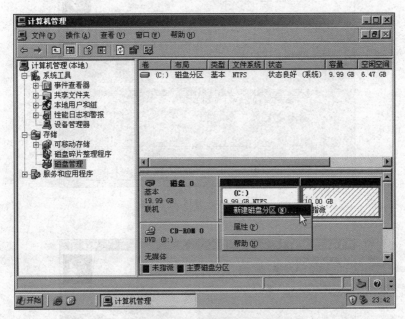

图 1-108　新建磁盘分区

（4）按照向导完成磁盘分区，单击"下一步"按钮，如图 1-109 所示。

（5）提示选择分区类型，可以按实际需要选择，此处选择"扩展磁盘分区"，单击"下一步"按钮，如图 1-110 所示。

（6）输入分区大小，单击"下一步"按钮，如图 1-111 所示。

（7）完成扩展磁盘分区，单击"完成"按钮，如图 1-112 所示。

（8）在新增扩展磁盘分区上右击，选择"新建逻辑驱动器"命令，如图 1-113 所示。

（9）在新建磁盘分区向导中单击"下一步"按钮，如图 1-114 所示。

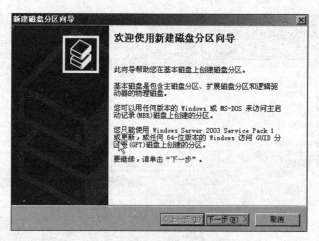

图 1-109　新建磁盘分区向导

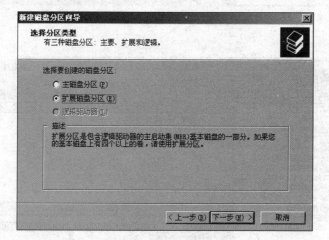

图 1-110　分区类型

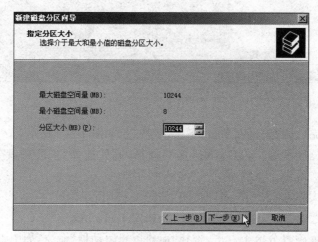

图 1-111　指定分区大小

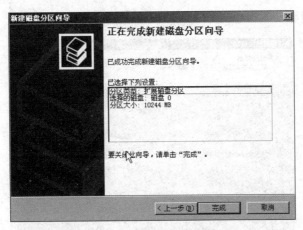

图 1-112　完成新增分区

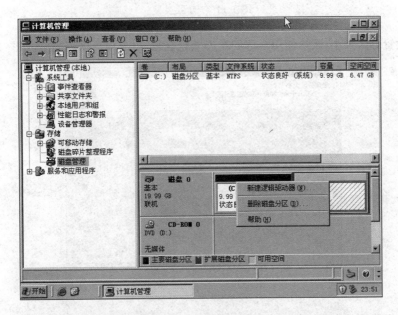

图 1-113　新建逻辑分区

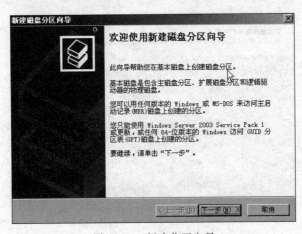

图 1-114　新建分区向导

（10）选择"逻辑驱动器"，单击"下一步"按钮，如图 1-115 所示。

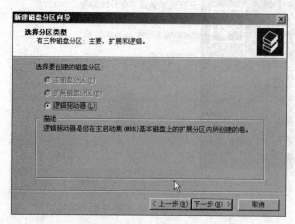

图 1-115　分区类型

（11）设置分区大小，默认使用全部的扩展磁盘空间，单击"下一步"按钮，如图 1-116 所示。

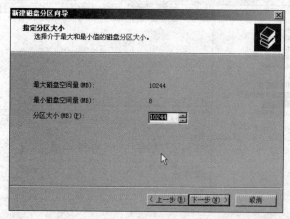

图 1-116　指定分区大小

（12）选择分区的盘符，单击"下一步"按钮，如图 1-117 所示。

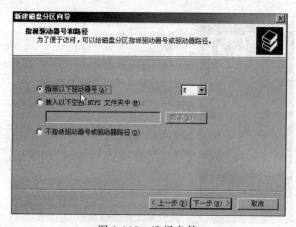

图 1-117　选择盘符

（13）选择文件系统 NTFS，选中"执行快速格式化"复选框，单击"下一步"按钮，如图 1-118 所示。

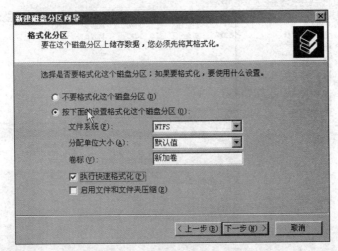

图 1-118 格式化分区

（14）完成逻辑分区，单击"完成"按钮，如图 1-119 所示。

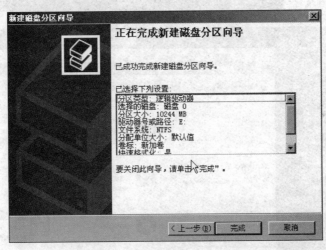

图 1-119 完成新建分区向导

至此，完成磁盘分区，新增的磁盘容量表现为 E 盘，如图 1-120 所示。

1.4.6 虚拟机模板

为了后续批量创建虚拟机，可以将当前虚拟机克隆为模板，当需要创建虚拟机时，再从模板中生成新的虚拟机。

1. 克隆为模板

下面以 vm2 为例，讲解将虚拟机克隆为模板的操作方法。

（1）在虚拟机 vm2 上右击，在弹出的菜单中选择"克隆为模板"命令，如图 1-121 所示。

（2）设置模板信息，单击"模板存储"右侧文本框或者加号，如图 1-122 所示。

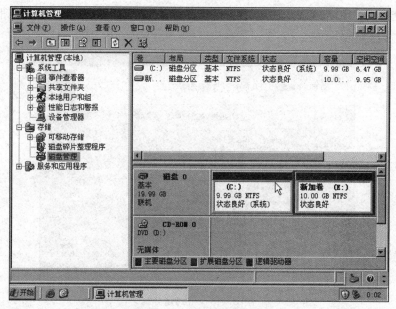

图 1-120 完成新建分区

图 1-121 虚拟机 vm2 管理页面

图 1-122 "克隆为模板"对话框

（3）系统提示没有模板存储，单击"增加"按钮，如图 1-123 所示。

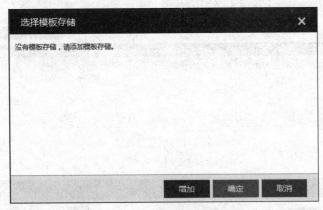

图 1-123 "选择模板存储"对话框

（4）确认目标路径和类型后，单击"确定"按钮，如图 1-124 所示。

图 1-124 "增加模板存储"对话框

（5）选中新增的存储"/vms/"，单击"确定"按钮，如图 1-125 所示。

（6）确定模板名称、存储等信息，单击"确定"按钮，如图 1-126 所示。

图 1-125 选择新建的模板存储

图 1-126 确认克隆信息

（7）至此，开始将 vm2 克隆为模板，克隆时间取决于主机性能，克隆完成后，可以单击左侧导航菜单中的"虚拟机模板"，右侧内容页中将显示虚拟机模板列表，如图 1-127 所示。

2. 从模板生成虚拟机 vm4

（1）在虚拟机模板列表中，单击模板右侧的"部署虚拟机"按钮，弹出"部署虚拟机"窗口，如图 1-128 所示。

图 1-127　克隆成功

图 1-128　部署虚拟机

（2）输入部署的虚拟机的数量、显示名称，启动"快速部署"，单击"下一步"按钮。

（3）选择主机 cvknode-2，单击"下一步"按钮，如图 1-129 所示。

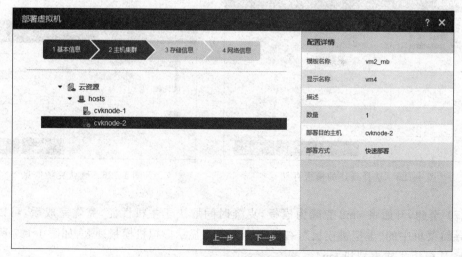

图 1-129　选择目标主机

（4）按需设置虚拟机的存储位置，单击"下一步"按钮，如图 1-130 所示。

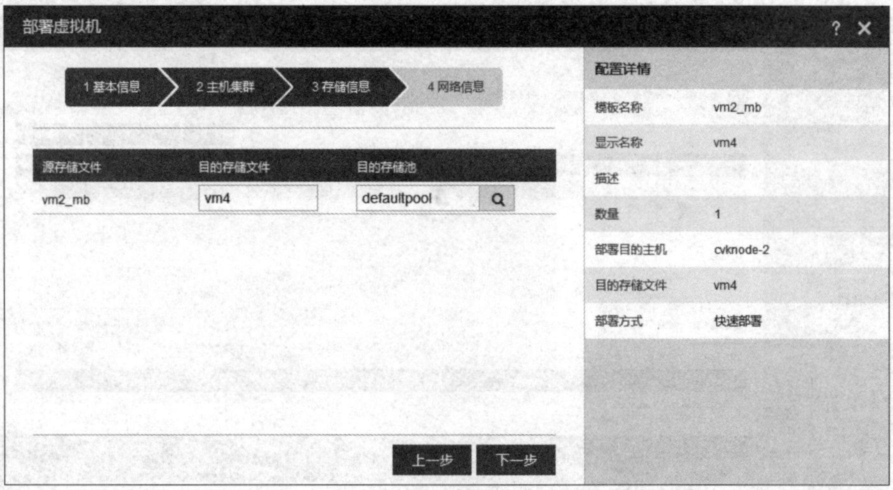

图 1-130　选择目的存储池

（5）按需设置虚拟机的网络参数，单击"完成"按钮，如图 1-131 所示。

图 1-131　设置网络信息

（6）注意观察任务台进度条，待部署完成后，可以在主机 cvknode-2 中看到新增的虚拟机 vm4，如图 1-132 所示。

1.4.7　迁移虚拟机

迁移虚拟机是指将虚拟机移动到不同的主机、数据存储下。迁移虚拟机包括在线迁移和离线迁移两种方式。

（1）在线迁移：是指虚拟机处于运行状态下迁移该虚拟机。在线迁移时，会同时迁移大量状态数据，迁移速度较慢。

（2）离线迁移：是指虚拟机处于关机状态下迁移该虚拟机。

图 1-132　部署成功

下面以迁移虚拟机 vm1 为例,讲解迁移虚拟机的方法。

(1) 单击虚拟机 vm1,在右侧内容页中单击"迁移"按钮,如图 1-133 所示。

图 1-133　虚拟机 vm1 管理页面

(2) 按需选择迁移的类型,单击"下一步"按钮,如图 1-134 所示。

迁移虚拟机类型包括更改主机、更改数据存储、更改主机和数据存储。

① 更改主机:将虚拟机的计算资源迁移到另一台主机上。

② 更改数据存储:将虚拟机的数据存储迁移到另一台主机上,计算资源保持不变。

图 1-134　迁移虚拟机

③ 更改主机和数据存储：将虚拟机完全迁移到另一台主机上，包括计算资源和数据存储。

（3）选择目的主机，单击"下一步"按钮，如图 1-135 所示。

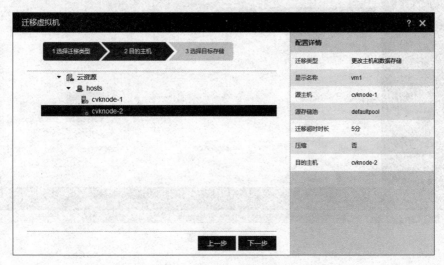

图 1-135　选择目的主机

（4）选择目标存储，单击"完成"按钮，如图 1-136 所示。

（5）注意观察任务台中的进度条，待迁移完成后，可以观察到新增虚拟机 vm1 被迁移到了主机 cvknode-2 中，如图 1-137 所示。

如果虚拟机中挂载了光驱、软驱，迁移会失败。

1.4.8　删除虚拟机

删除虚拟机的方式包括移入回收站、保留虚拟机的数据存储文件、删除虚拟机的数据存储文件。

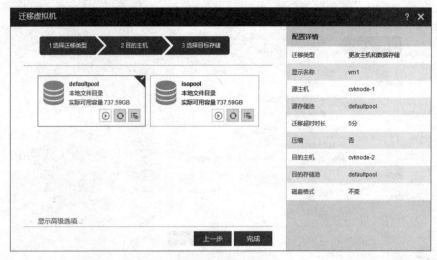

图 1-136　选择目标存储

图 1-137　迁移成功

① 移入回收站：移入回收站的虚拟机，可以在虚拟机回收站中还原虚拟机、销毁虚拟机或者自动销毁虚拟机。回收站中的虚拟机保存时间最长为 30 天，逾期的虚拟机将会被自动删除。

② 保留虚拟机的数据存储文件：保留的虚拟机可以在存储中找到，后期可以手动恢复。

③ 删除虚拟机的数据存储文件：彻底销毁虚拟机，后期不可以恢复。

1. 删除虚拟机——移入回收站

（1）单击虚拟机 vm1，在右侧内容页中单击"删除"按钮，如图 1-138 所示。

（2）确认提示信息，单击"确定"按钮，如图 1-139 所示。

图 1-138　虚拟机 vm1 管理页面

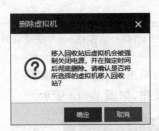

图 1-139　确认删除提示信息

（3）虚拟机被移入回收站后，打开虚拟机回收站，可以发现被删除的虚拟机 vm1，如图 1-140 所示。

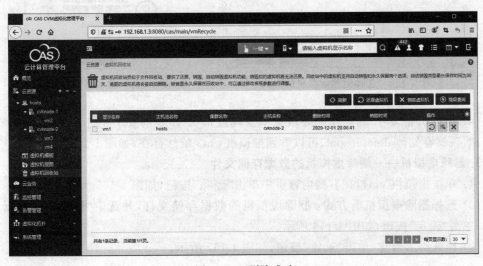

图 1-140　删除成功

61

对移入虚拟机回收站的虚拟机,可通过单击"还原虚拟机""销毁虚拟机"按钮完成相应的操作。

2. 删除虚拟机——保留虚拟机的数据存储文件

(1) 单击虚拟机 vm3,在右侧内容页中单击"删除"按钮,如图 1-141 所示。

图 1-141　虚拟机 vm3 管理页面

(2) 选择删除虚拟机的方式,单击"确定"按钮,如图 1-142 所示。

(3) 确认提示,单击"确定"按钮,如图 1-143 所示。

图 1-142　选择删除虚拟机的方式

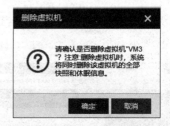

图 1-143　确认删除提示信息

(4) 虚拟机删除后,观察左侧导航菜单发现虚拟机 vm3 消失了。打开主机 cvknode-2 的存储,观察存储池 defaultpool,可以看到虚拟机 vm3 依然存在,如图 1-144 所示。

3. 删除虚拟机——删除虚拟机的数据存储文件

(1) 单击虚拟机 vm4,在右侧内容页中单击"删除"按钮,如图 1-145 所示。

(2) 选择删除虚拟机的方式:删除虚拟机的数据存储文件,并选中"彻底销毁数据"复选框,单击"确定"按钮,如图 1-146 所示。

(3) 确认提示信息,单击"确定"按钮,如图 1-147 所示。

图 1-144 观察存储池

图 1-145 虚拟机 vm4 管理页面

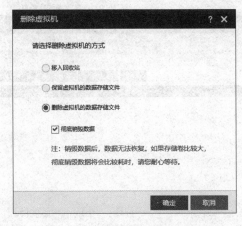

图 1-146 选择删除虚拟机方式

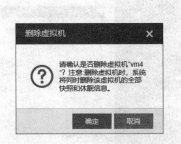

图 1-147 确认删除提示信息

（4）输入 DELETE，单击"确定"按钮，如图 1-148 所示。

（5）删除操作成功后，虚拟机 vm4 彻底消失了。

1.4.9 恢复虚拟机

删除虚拟机的时候，如果删除类型选择移入回收站、保留虚拟机的数据存储文件，虚拟机是可以恢复的。

1. 从虚拟机回收站中恢复虚拟机

（1）打开虚拟机回收站，在右侧虚拟机列表页中选中预恢复的虚拟机，单击"还原虚拟机"按钮，如图 1-149 所示。

图 1-148　删除确认

图 1-149　虚拟机回收站

（2）虚拟机被还原后，虚拟机回收站中的虚拟机消失了，虚拟机 vm1 出现在主机 cvknode-2 下，如图 1-150 所示。

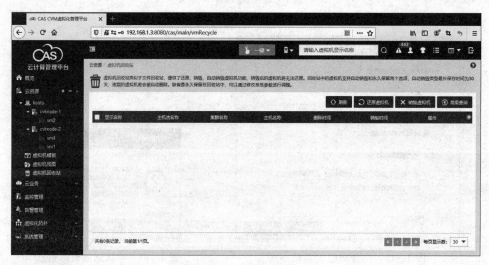

图 1-150　还原虚拟机

2. 恢复保留数据存储文件的虚拟机

（1）单击"云资源"→hosts→cvknode-1，在右侧窗格中单击"增加虚拟机"按钮，弹出"增加虚拟机"对话框，输入显示名称，选择操作系统、版本，单击"下一步"按钮，如图 1-151 所示。

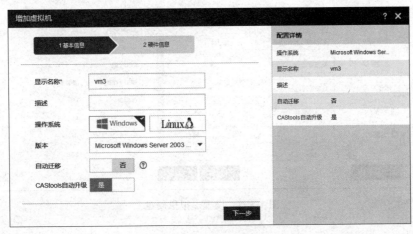

图 1-151 增加虚拟机

（2）按需设置虚拟机硬件信息，如图 1-152 所示。

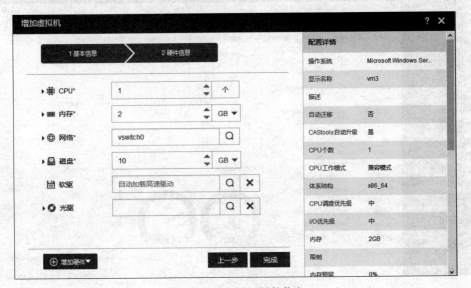

图 1-152 虚拟机硬件信息

（3）单击硬盘左侧的三角图标，展开硬盘详细信息，硬盘类型选择"已有文件"，镜像文件选择被删除的虚拟机 vm3，单击"完成"按钮，如图 1-153 所示。

（4）虚拟机还原成功后，可以在主机 cvknode-2 下找到虚拟机 vm1，如图 1-154 所示。

1.4.10 管理虚拟机快照

快照用于记录虚拟机某一时刻的状态信息，当虚拟机系统异常或者崩溃，可以通过使用

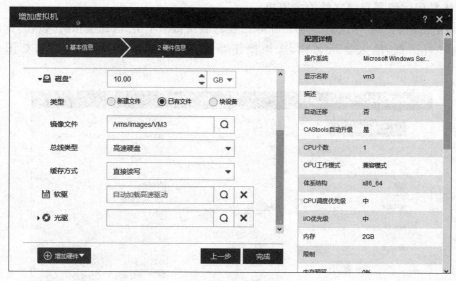

图 1-153　设置虚拟机硬盘

图 1-154　还原成功

快照来恢复虚拟机。可以为虚拟机创建多个快照,即多个还原点。快照会占用磁盘空间,所以快照的数量应该根据磁盘空间合理设置。创建快照的操作包括手动创建和快照策略两种方式。

1. 手动创建快照

(1) 单击虚拟机 vm1,在右侧内容页中单击"快照管理"按钮,如图 1-155 所示。

(2) 弹出"虚拟机快照管理"对话框,单击"创建"按钮,如图 1-156 所示。

图 1-155　虚拟机 vm1 管理页面

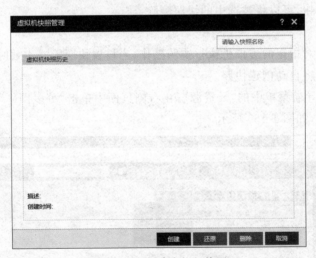

图 1-156　创建虚拟机快照

（3）输入快照名称，单击"确定"按钮，如图 1-157 所示。

图 1-157　创建虚拟机快照

（4）快照创建成功后，可以在"虚拟机快照历史"对话框中找到新增的虚拟机快照，如图 1-158 所示。

图 1-158　创建虚拟机快照成功

单击"创建"按钮，可以继续创建虚拟机快照。

单击"还原"按钮，可以从当前选中的虚拟机快照状态还原虚拟机。

单击"删除"按钮，可以将被选中的快照删除。

2. 快照策略

快照策略用于对指定的虚拟机执行快照操作，当设置快照策略生效时，在指定时间点快照策略内的虚拟机将自动创建快照。

（1）单击左侧导航菜单中的"云资源"，在右侧页面中单击"更多操作"，在下拉菜单中选择"快照策略"命令，如图 1-159 所示。

图 1-159　选择"快照策略"命令

（2）打开快照策略页面，单击"增加"按钮，如图 1-160 所示。

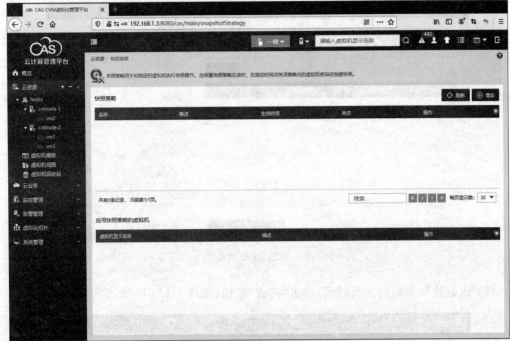

图 1-160 快照策略页面

（3）输入策略名称，设置快照个数、快照内存、立即生效，单击"下一步"按钮，如图 1-161 所示。

图 1-161 快照策略基本信息

① 最大快照个数：快照策略允许创建虚拟机快照的最大个数，默认为 0。0 表示不作限制。

② 快照内存：设置快照策略是否对虚拟机的内存数据进行快照。

（4）在选择虚拟机页面，单击"增加"按钮，完成增加虚拟机 vm1 的操作，如图 1-162 所示。

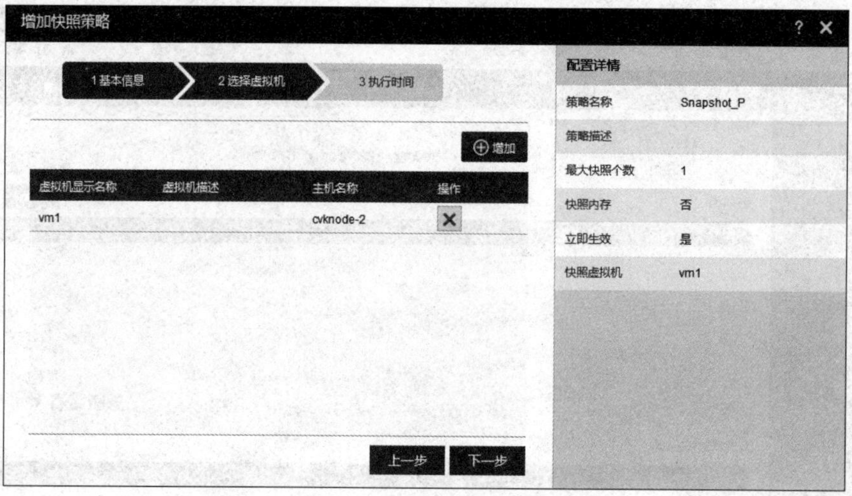

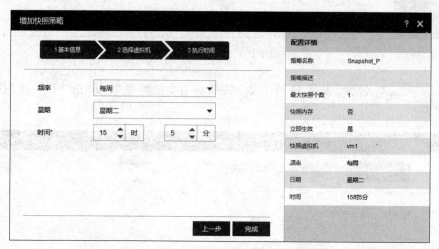

图 1-162　选择虚拟机

（5）设置快照策略的执行时间，单击"完成"按钮，如图 1-163 所示。

图 1-163　设置执行时间

快照策略执行时间的频率包括每月、每周、每天三种方式。

（6）快照策略的执行时间触发后，可以在对应虚拟机快照管理里找到新增的虚拟机快照，如图 1-164 所示。

（7）选中虚拟机快照记录，单击"还原""删除"按钮可以完成相应的操作。

1.4.11　备份管理

虚拟机可以实时备份到主机本地目录或者远程服务器。

1. 手动备份

下面以备份虚拟机 vm1 为例，介绍手动备份虚拟机的操作步骤。

图 1-164 快照策略生效

（1）右击虚拟机 vm1，在弹出的菜单中选择"立即备份"命令，如图 1-165 所示。

图 1-165 虚拟机 vm1 管理页面

（2）弹出"立即备份"对话框，输入备份文件名和保留个数，单击"下一步"按钮，如图 1-166 所示。

（3）选择备份目的地、备份类型，输入备份位置，单击"完成"按钮，如图 1-167 所示。

备份目的地包括主机本地目录和远端服务器两种方式，远端服务器又可以选择 FTP、

图 1-166　备份基本信息

图 1-167　备份设置

SCP 两种方式。

备份类型包括全量备份、增量备份、差异备份。

(4) 待虚拟机备份成功后,在"备份管理"列表中可以查看备份记录,如图 1-168 所示。

2. 还原虚拟机

(1) 打开虚拟机的"备份管理"列表,如图 1-169 所示。

还原虚拟机之前,必须关闭相应的虚拟机,处于开机状态的虚拟机不能还原,否则"还原"按钮为灰色。

(2) 单击备份文件对应的"还原"按钮,弹出"虚拟机还原"对话框,单击"确定"按钮,如图 1-170 所示。

(3) 确认提示信息,单击"确定"按钮,如图 1-171 所示。

(4) 注意观察任务条进度,确认是否还原成功,如图 1-172 所示。

图 1-168　备份成功

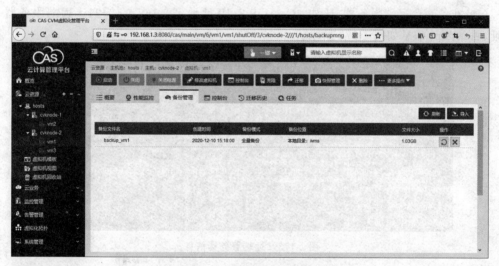

图 1-169　"备份管理"列表

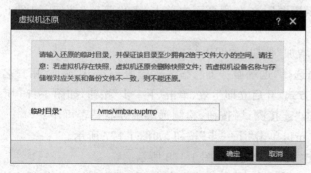

图 1-170　还原虚拟机

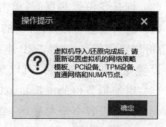

图 1-171　确认提示信息

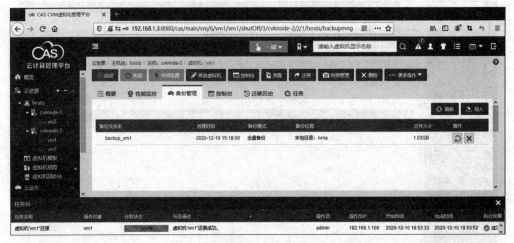

图 1-172　还原成功

3. 备份策略

下面以将虚拟机 vm1 备份到远端服务器为例,介绍备份策略的操作步骤。

（1）准备一台远端服务器,比如:CentOS 7,IP 地址 192.168.1.10/24。远端服务器 IP 地址、目录/opt 信息如图 1-173 所示。

```
[root@localhost ~]# ip addr
1: lo: <LOOPBACK,UP,LOWER_UP> mtu 65536 qdisc noqueue state UNKNOWN
    link/loopback 00:00:00:00:00:00 brd 00:00:00:00:00:00
    inet 127.0.0.1/8 scope host lo
       valid_lft forever preferred_lft forever
    inet6 ::1/128 scope host
       valid_lft forever preferred_lft forever
2: eno16777736: <BROADCAST,MULTICAST,UP,LOWER_UP> mtu 1500 qdisc pfifo_fast state UP qlen 1000
    link/ether 00:0c:29:59:96:5d brd ff:ff:ff:ff:ff:ff
    inet 192.168.1.10/24 brd 192.168.1.255 scope global eno16777736
       valid_lft forever preferred_lft forever
    inet6 fe80::20c:29ff:fe59:965d/64 scope link
       valid_lft forever preferred_lft forever
3: eno33554960: <BROADCAST,MULTICAST,UP,LOWER_UP> mtu 1500 qdisc pfifo_fast state UP qlen 1000
    link/ether 00:0c:29:59:96:67 brd ff:ff:ff:ff:ff:ff
[root@localhost ~]# more /opt

*** /opt: directory ***

[root@localhost ~]# _
```

图 1-173　远端服务器信息

由图 1-173 可知,远端服务器目录/opt 为空目录。

（2）单击左侧导航菜单中的"云资源",在右侧页面中单击"备份策略"按钮,如图 1-174 所示。

（3）打开备份策略页面,单击"增加"按钮,如图 1-175 所示。

（4）输入策略名称,备份目的地选择"远端服务器",输入远端服务器 IP 地址、用户名、密码、备份位置等信息,选择 SCP 连接方式,开启立即生效,单击"下一步"按钮,如图 1-176 所示。

设置完远端服务器后,可以单击"连接测试"按钮,检测远端服务器是否可用。

（5）增加拟备份的虚拟机,如 vm1,单击"下一步"按钮,如图 1-177 所示。

（6）按需设置全量参数后,单击"完成"按钮,如图 1-178 所示。

备份类型默认是全量备份,选择增量备份或者差异备份后,可以进一步设置备份的频率。

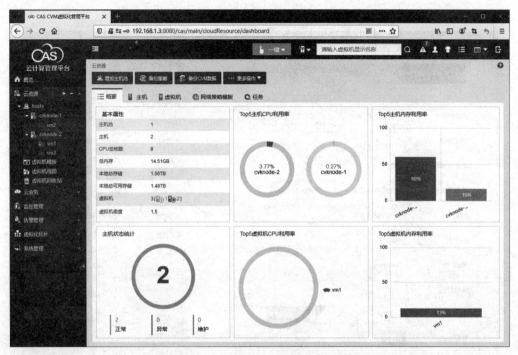

图 1-174 单击"备份策略"按钮

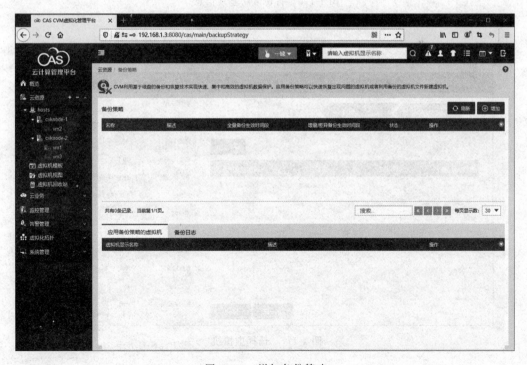

图 1-175 增加备份策略

图 1-176　备份策略基本信息

图 1-177　选择虚拟机

图 1-178　全量设置

（7）备份策略配置完成后，稍等片刻，待备份成功后，"备份管理"列表中可以查看备份记录，如图 1-179 所示。

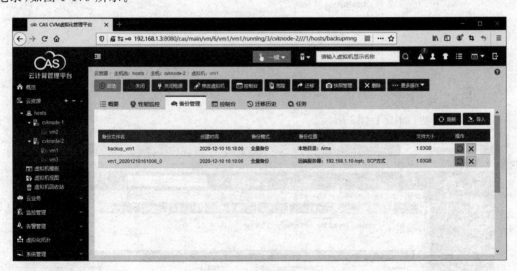

图 1-179　备份策略生效

4. 导入备份的虚拟机

一般情况下，还原虚拟机可以通过备份记录中的"还原"按钮完成。但是，有些情况下，比如备份记录被删除或者异地还原，则可以通过导入的方式还原虚拟机。

下面以导入 vm1 的备份文件为例，介绍导入备份的虚拟机的操作步骤。

（1）打开虚拟机 vm1 的"备份管理"列表，单击"导入"按钮，如图 1-180 所示。

图 1-180　虚拟机 vm1 的备份管理

（2）弹出"备份文件导入"对话框，恢复方式选择"SSH/SCP 方式"，输入远端服务器 IP 地址、用户名、密码以及数据源位置等信息，单击"确定"按钮，如图 1-181 所示。

图 1-181　设置远端服务器信息

（3）导入成功，如图 1-182 所示。

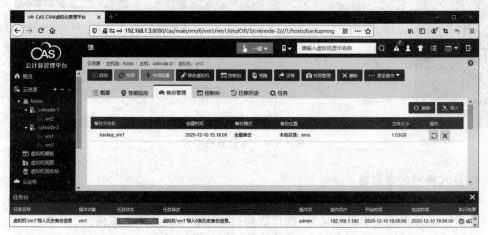

图 1-182　导入成功

项 目 总 结

本项目介绍了 H3C CAS 云计算平台的功能特点,重点介绍了在物理服务器上如何部署 CAS 平台,包括 CAS 安装、虚拟机的新增、删除、修改、迁移,以及虚拟机模板管理等操作,在服务器上部署 CAS 平台,需要注意以下几点。

(1) 由于 CAS 虚拟化架构对内存提出比较高的要求,后续部署使用 CVM 会用到 4GB 或以上内存,所以推荐物理服务器配置 8GB 或以上内存,否则虚拟机部署、性能会受影响。

(2) 在 CAS 平台上新增虚拟机的时候,CPU 虚拟化功能没有打开,会导致虚拟机开机失败。

在服务器开机时进入 BIOS 页面,打开 Intel 的 CPU 虚拟化功能,成功打开之后,虚拟机可以正常开机。

(3) 在制作虚拟机模板之前,建议在虚拟机上安装 CAS tools 工具包。

CAS tools 是 H3C CAS CVM 辅助工具,管理员通过安装该工具可以实现对 CVM 的控制与状态监控,包括取得 CVM 的 CPU 使用情况、内存使用情况和操作系统类型。同时,CAS tools 中还内置了部分虚拟机所需的硬件驱动,正确安装 CAS tools 工具包可以解决部分硬件驱动问题。

(4) 新建 Windows Server 2008 虚拟机的时候,CAS 平台未能识别硬盘。

新建虚拟机的时候,选择了高速磁盘,此时需要安装 Virtio 驱动才能识别磁盘。

项目2 构建企业级云计算平台

 项目描述

滨江市顺旺云商有限公司是一家互联网新型企业。顺旺云商是一个面向滨江市的区域商城,是有别于淘宝、京东等网上商城的新型互联网交易平台,公司专注于垂直化电商,争取做到为滨江市每一个消费客户提供自主创业平台,帮助更多的个人及中小企业走向互联网化,走向致富的道路。

公司已有业务平台包括公司电商平台、数据库系统、域名解析服务器 DNS,以及邮件服务器等,随着云计算技术的发展,公司高管准备将现有业务迁移到云计算平台中去,以提高服务器的利用率,保证各业务平台的高效、稳定运行。

 项目需求分析

该公司现有两台型号为 HP DL388 的机架式服务器、一台型号为 HP MSA 2040 的专业存储设备,服务器性能参数如表 2-1 和表 2-2 所示。为了整合公司现有软硬件资源,进一步提升资源利用率,增强用户体验,计划为该公司部署 H3C CAS 云计算平台,在云计算平台上为各业务平台部署独立的虚拟主机,同时建立资源自动弹性机制,按需动态、合理分配软件硬件资源。为保障公司各业务平台不中断,各虚拟主机所需的内存、CPU、硬盘等主要硬件参数最低配置如表 2-3 所示。

表 2-1 公司服务器硬件参数

服务器主机	CPU	内存/GB	硬盘/GB	网卡/块	备 注
HP DL388-1	2.2GHz,10 核	32	2×300	4	部署云平台
HP DL388-2	2.2GHz,10 核	32	2×300	4	部署云平台

表 2-2 公司存储设备参数

服务器主机	硬盘/GB	HBA 卡/块	备 注
HP MSA2040	24×900	2	数据存储

表 2-3 公司各虚拟主机参数要求

虚拟主机	操 作 系 统	CPU	内存/GB	硬盘/GB	备 注
vm1	CentOS 7(64 位)	4 核	8	20	公司电商平台
vm2	CentOS 7(64 位)	2 核	2	50	域名解析服务器 DNS
vm3	CentOS 7(64 位)	4 核	8	50	数据库系统
vm4	Windows Server 2008 R2(64 位)	2 核	2	20	邮件系统

学习目标

(1) 深入掌握 H3C CAS 平台的安装、控制台管理,以及远程登录的方法。

(2) 深入掌握 H3C CAS 的云资源管理方法,包括主机池、集群、主机、网络、存储等。

(3) 深入掌握 H3C CAS 的网络管理方法,包括 VLAN、XVLAN、带宽分配,以及访问控制等。

(4) 掌握存储相关理论知识,并掌握 iSCSI 存储服务器的安装、配置方法。

2.1 公司数据中心拓扑结构设计

根据公司现有硬件、业务平台的实际情况,公司拓扑结构设计如图 2-1 所示,该拓扑不仅适用于实验环境,也适用于小型企业生产环境。

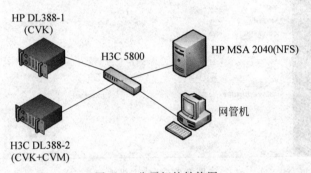

图 2-1 公司拓扑结构图

公司现有的三台服务器通过一台三层交换机 H3C 5800 互联,两台型号为 HP DL388-1 的服务器用来部署 H3C CAS 云计算平台,HP DL388-1 只需要安装 CVK 组件,部署虚拟机 vm1 和 vm2,HP DL388-2 同时安装 CVK 和 CVM 组件,部署虚拟机 vm3 和 vm4,同时作为云计算平台的管理机,HP MSA 2040 上部署 FC 存储。公司 IP 地址分配如表 2-4 所示。

表 2-4 公司 IP 地址分配

服 务 器	类 型	操 作 系 统	IP 地 址	备 注
HP DL388-1	主机	CVK	192.168.30.41/24	CVK 主机
	虚拟机 vm1	CentOS 7(64 位)	192.168.31.2/24	
	虚拟机 vm2	CentOS 7(64 位)	192.168.32.2/24	
HP DL388-2	主机	CVK、CVM	192.168.30.42/24	CVK 主机
	虚拟机 vm3	CentOS 7(64 位)	192.168.31.3/24	
	虚拟机 vm4	Windows Server 2008 R2(64 位)	192.168.32.3/24	
HP MSA 2040	主机	存储系统	192.168.30.31/24 192.168.30.35/24	

2.2　增加主机池、集群、主机

安装云平台的操作步骤可以参照项目 1 的 1.2 节，这里不再重复介绍。

1. 新建主机池 hosts

新建的主机池 hosts 如图 2-2 所示。

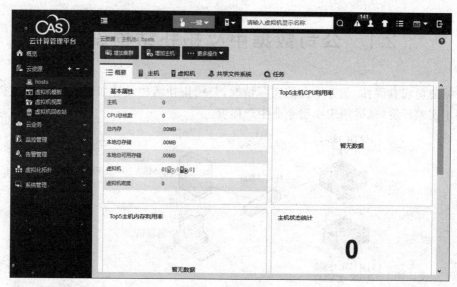

图 2-2　新建主机池

2. 增加集群 groups

集群是由物理主机和虚拟机组成的计算资源集合，其目的是使管理员可以像管理单个实体一样轻松地管理多个主机和虚拟机，从而降低管理的复杂度。

（1）远程登录 CVM 管理平台，在左侧导航菜单"云资源"→主机池上右击，选择"增加集群"命令，如图 2-3 所示。

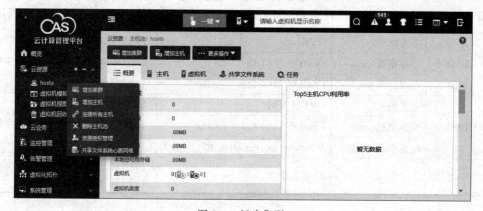

图 2-3　新建集群

（2）输入集群的名称，如 groups，如图 2-4 所示，单击"完成"按钮。

图 2-4　集群基本信息

3. 在集群中增加主机

（1）远程登录 CVM 管理平台，在左侧导航菜单"云资源"→主机池→集群 groups 上右击，选择"增加主机"命令，如图 2-5 所示。

图 2-5　增加主机

（2）输入主机的 IP 地址、用户名、密码等信息，如图 2-6 所示，单击"确定"按钮。

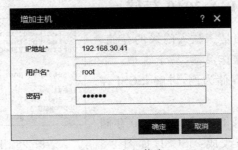

图 2-6　主机信息

（3）两台主机增加完成后，集群中新增了两台主机，如图 2-7 所示。

图 2-7　CVM 管理页面

2.3　共享文件系统管理

H3C CAS 的存储池可以分为本地存储、外部挂载等方式，本地存储使用 CVK 主机上的硬盘空间，硬盘空间有限，不便于扩展，而且部分集群功能不支持本地存储。外部挂载是指将外部存储服务器挂载到 CAS，支持的外部存储类型包括：iSCSI、FC、NFS、Windows 系统共享目录、共享文件系统。

① iSCSI 存储：基于 Internet SCSI，通过 IP 地址互联，扩展性好，常用于视频监控、服务器虚拟化环境。

② FC 存储：采用 Fibre Channel 存储专用协议，通过 FC 交换机等连接设备，数据采用 FCP 协议以块方式存取访问，存储服务属于内部网络，安全性级别高。

③ NFS：网络文件系统，是 Linux 支持的一种共享文件系统，允许网络中的 Linux 系统与其他 Linux 系统、Windows 系统之间通过 TCP/IP 网络共享资源。

④ Windows 系统共享目录：是 Windows 支持的共享文件系统，允许网络中的 Windows 系统之间共享资源。

⑤ 共享文件系统：共享文件系统位于主机池中，允许主机池、集群中的主机共享某一存储系统，共享文件系统仅支持 iSCSI、FC 存储。

2.3.1　配置 HPE MSA 2040 存储

HPE MSA 2040 存储是一款入门级的存储，支持 iSCSI、FC 等存储，操作灵活，易于管理。下面将以 HPE MSA 2040 存储为例，讲解 iSCSI 存储系统的配置过程。

（1）以 SSH 方式登录 HPE MSA 2040 存储系统，将数据端口模式修改成：iSCSI，如图 2-8

```
HP MSA Storage MSA 2040 SAN
System Name: Uninitialized Name
System Location: Uninitialized Location
Version: GL220P009
#
#
# set host-port-mode
FC
iSCSI
FC-and-iSCSI
noprompt
# set host-port-mode iscsi
```

图 2-8　修改数据端口模式

所示。

（2）打开火狐浏览器，输入 HPE MSA 2040 的管理地址、用户名、密码，语言选择"简体中文"，如图 2-9 所示，单击 Sign In 按钮登录。

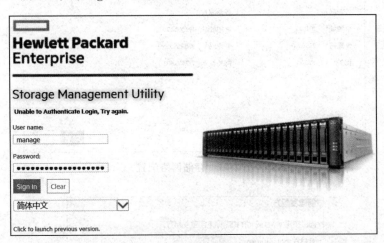

图 2-9　存储登录页面

（3）登录成功后，HPE MSA 2040 的管理页面如图 2-10 所示。

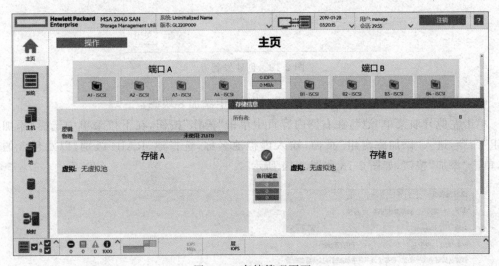

图 2-10　存储管理页面

HPE MSA 2040 有 A、B 两个控制器，每个控制器上包含 4 个 iSCSI 数据端口、2 个管理端口，每个控制器对应一个存储，分别是存储池 A、存储池 B。

端口 A 默认管理地址：10.0.0.2/24，端口 B 默认管理地址：10.0.0.3/24，可以通过"系统"→"操作"→"设置网络"打开系统 IP 网络配置页面，修改管理地址，如图 2-11 所示。

（4）创建发起方，表示允许哪些客户端可以挂载该存储系统，跳过该步骤即允许客户端访问该存储系统。如果需要创建发起方，远程登录管理页面，单击左侧导航菜单"主机"，在右侧内容页中单击"操作"按钮，在下拉菜单中选择"创建发起方"命令，打开"创建发起方"对话框，输入发起方 ID、名称，单击"确定"按钮，如图 2-12 所示。

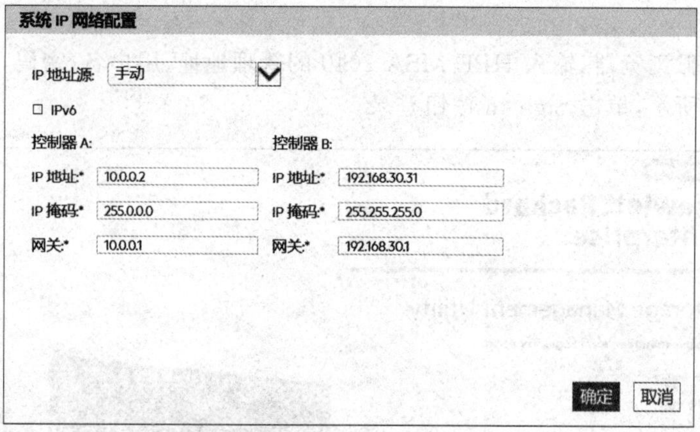

系统 IP 网络配置
IP 地址源: 手动
IPv6
控制器 A:
IP 地址:* 10.0.0.2
IP 掩码:* 255.0.0.0
网关:* 10.0.0.1
控制器 B:
IP 地址:* 192.168.30.31
IP 掩码:* 255.255.255.0
网关:* 192.168.30.1
确定
取消

图 2-11 存储网络配置

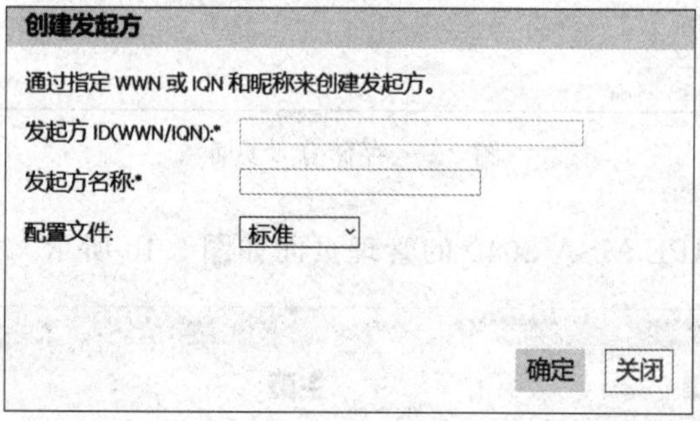

创建发起方
通过指定 WWN 或 IQN 和昵称来创建发起方。
发起方 ID(WWN/IQN):*
发起方名称:*
配置文件: 标准
确定
关闭

图 2-12 创建发起方

(5) 在存储池 A 中添加 16 块磁盘,存储池 B 中添加 8 块磁盘。

单击左侧导航菜单“池”,在右侧内容页中单击“操作”按钮,在下拉菜单中选择“添加磁盘组”命令,进入“添加磁盘组”页面,输入虚拟池名称,选择池、RAID 级别,以及包含的磁盘,单击“添加”按钮,如图 2-13 和图 2-14 所示。

添加磁盘组
类型: 虚拟 读取高速缓存 线性
名称* dgA01
池: A
RAID 级别: RAID-6
子组的数量:
通过从机箱中选择磁盘,在每个选择集中添加或移除所需的磁盘
磁盘选择集,完成:是,总空间:14.4TB:
可用: 12.5TB
1813.7GB
类型
磁盘类型
磁盘
大小
完成
RAID6
SAS
1 2 3 4 5 6 7 8 9 10 11 12 13 14 15 16
14,400GB
添加
取消

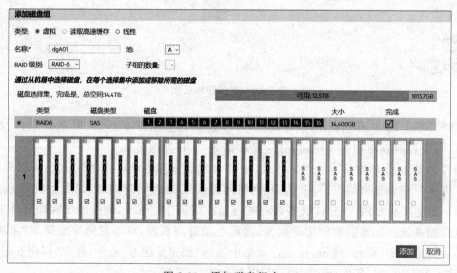

图 2-13 添加磁盘组之一

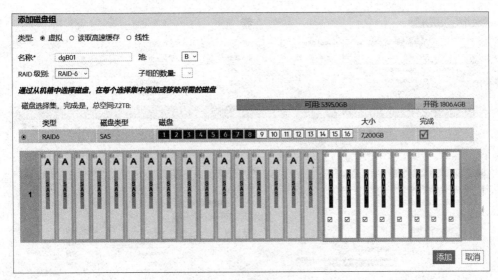

图 2-14　添加磁盘组之二

（6）创建三个虚拟卷，空间大小分别为：6TB、6TB、5TB。

单击左侧导航菜单"卷"，在右侧内容页中单击"操作"按钮，在下拉菜单中选择"创建虚拟卷"命令，进入"创建虚拟卷"页面，输入虚拟卷大小、卷数，选择存储池，单击"确定"按钮，如图 2-15 所示。

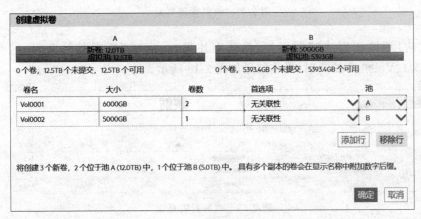

图 2-15　创建虚拟卷

同一个虚拟卷只能够在同一个存储卷上，不能够跨越不同的存储卷。通过单击"添加行"按钮可以增加虚拟卷的数量。

虚拟卷创建完成后，操作结果如图 2-16 所示。

（7）建立映射，将新创建的三个虚拟卷映射给所有发起方，即允许所有客户端挂载 3 个虚拟卷。

单击左侧导航菜单"映射"，在右侧内容页中单击"操作"按钮，在下拉菜单中选择"映射"命令，进入"映射"页面，单击"所有其他发起方"、单击虚拟卷 Vol00010000，单击"应用"按钮，建立所有发起方与虚拟卷 Vol00010000 的映射，如图 2-17 所示。

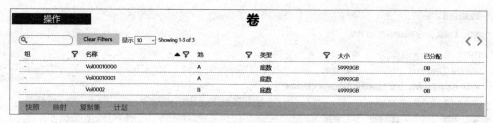

图 2-16　虚拟卷列表页面

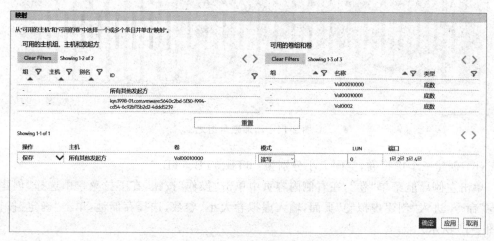

图 2-17　映射管理页面

单击"应用"按钮完成映射操作,循环上述操作,完成"所有其他发起方"与虚拟卷 Vol00010001、Vol0002 的映射,操作结果如图 2-18 所示。

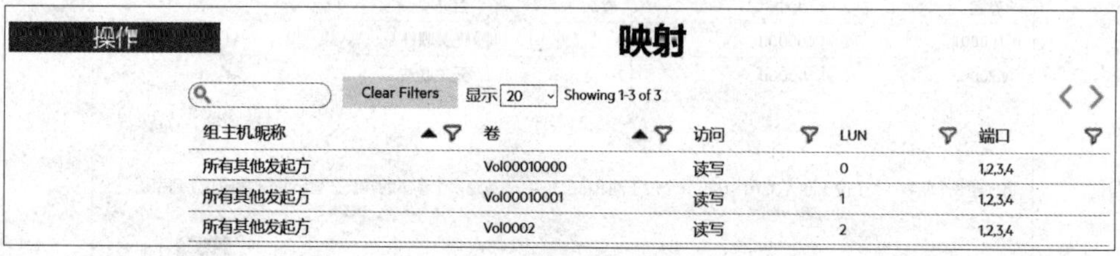

组主机昵称	卷	访问	LUN	端口
所有其他发起方	Vol00010000	读写	0	1,2,3,4
所有其他发起方	Vol00010001	读写	1	1,2,3,4
所有其他发起方	Vol0002	读写	2	1,2,3,4

图 2-18　映射列表页面

映射建立完成后,由图 2-18 可以看出,3 个虚拟卷分别对应 3 个 LUN,ID 分别是 0、1、2。

2.3.2　增加共享文件系统

配置完成 iSCSI 存储系统后,在 H3C CAS 平台的主机池中增加共享文件系统,并在主机上挂载该共享文件系统,就可以使用外部存储了。

1. 在主机池中增加共享文件系统。

（1）远程登录 CVM 管理平台,单击左侧导航菜单"云资源"→主机池,在右侧内容页中单击"共享文件系统"标签,如图 2-19 所示。

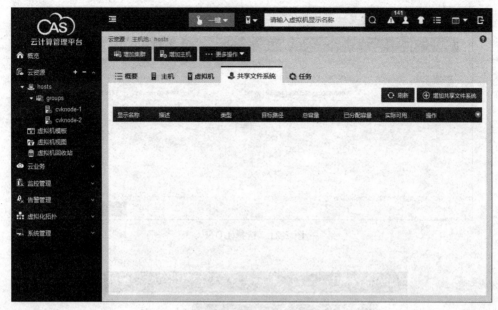

图 2-19　共享文件系统

　　(2) 单击"增加共享文件系统"按钮,输入名称、显示名称、类型,如图 2-20 所示,单击"下一步"按钮。

图 2-20　增加共享文件系统

　　(3) 输入 iSCSI 存储系统的 IP 地址,在 LUN 一行单击"搜索"按钮,选择挂载的 LUN,如果图 2-21 所示,单击"确定"按钮。

　　(4) 确认共享文件系统的 IP 地址、LUN 信息,如图 2-22 所示,单击"完成"按钮。

　　(5) 完成增加共享文件系统后,在"共享文件系统"列表页面可以查看到新增的存储信息,如图 2-23 所示。

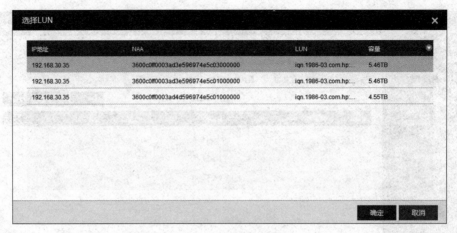

图 2-21　选择 LUN

图 2-22　确认 LUN 信息

图 2-23　"共享文件系统"列表页面

2. 在主机 cvknode-1 上增加存储池并挂载共享文件系统

（1）单击左侧导航菜单"云资源"→hosts→groups→cvknode-1，在右侧内容页中单击"存储"标签，如图 2-24 所示。

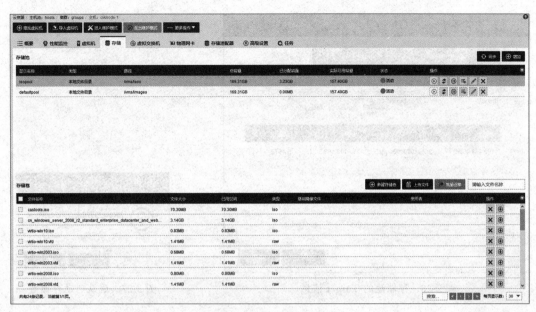

图 2-24　主机上存储列表页面

（2）单击"增加"按钮，增加存储池页面，选择类型"共享文件系统"，选择共享文件系统 HPE-MSA，如图 2-25 所示，单击"下一步"按钮。

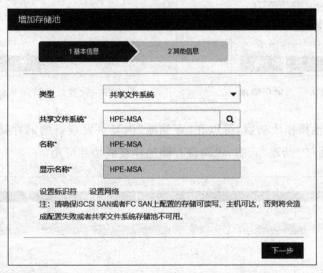

图 2-25　增加存储池

（3）确认 Target 信息，如图 2-26 所示，单击"完成"按钮。

（4）提示是否启动新增的存储池，如图 2-27 所示，单击"确定"按钮，启动该存储池。

（5）提示是否格式化该存储池，如图 2-28 所示，单击"确定"按钮，开始格式化。

（6）设置该存储允许最大访问的节点数，保持默认设置，如图 2-29 所示，单击"确定"按钮。

91

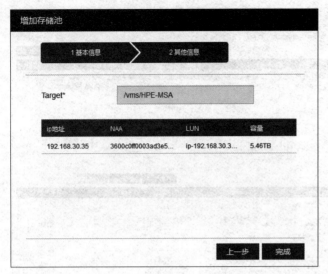

图 2-26 存储池的 Target 信息

图 2-27 确认启动存储池

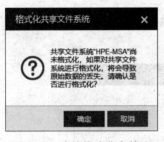

图 2-28 确认格式化存储池

图 2-29 设置最大访问节点数

（7）增加存储池操作成功后，可以在"存储池"内容页发现新增的存储池，如图 2-30 所示，确保该存储池处于"活动"状态，说明该存储池挂载成功并可用。

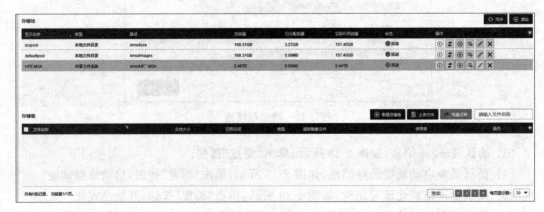

图 2-30 "存储池"列表页面

3. 在主机 cvknode-2 上增加存储池并挂载共享文件系统

在主机 cvknode-2 上增加存储池,并挂载共享文件系统中的同一个 LUN,如图 2-31 所示。

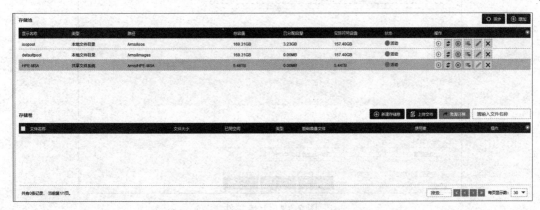

图 2-31 主机 cvknode-2 上"存储池"列表页面

2.3.3 上传 CentOS 7 镜像文件

共享文件系统部署完成后,可以将后续需要用到的操作系统镜像文件上传到存储池中,以备后用。

(1) 单击左侧导航菜单"云资源"→hosts→groups→cvknode-1,在右侧内容页中单击"存储"标签,在"存储池"列表页面单击"存储池"HPE-MSA,如图 2-32 所示。

图 2-32 主机的"存储池"列表页面

(2) 单击"上传文件"按钮,打开"上传文件"对话框,如图 2-33 所示。

(3) 单击"请选择文件 把文件拖曳到这里",选择 CentOS 7 的镜像文件,单击"开始上传"按钮,如图 2-34 所示。

(4) 文件上传结束后,可以在存储池 HPE-MSA 中发现上传的镜像文件,如图 2-35 所示。

93

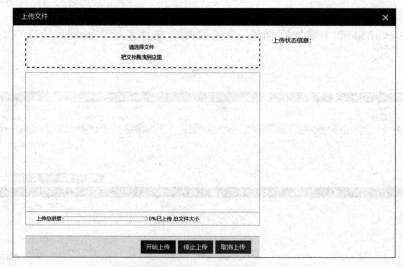

图 2-33　上传文件

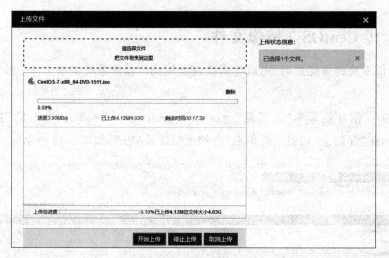

图 2-34　选择上传文件

图 2-35　主机上"存储池"列表页面

2.4　虚拟机的管理

2.4.1　增加虚拟机 vm1

增加虚拟机 vm1,操作系统为 CentOS(64 位),具体操作步骤如下。

(1) 单击左侧导航菜单"云资源"→hosts→groups→cvknode-1,在右侧内容页中单击"增加虚拟机"按钮,如图 2-36 所示。

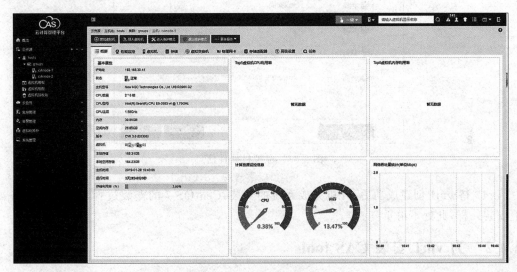

图 2-36　增加虚拟机

(2) 在"增加虚拟机"页面中输入显示名称为 vm1,选择操作系统为 Linux,版本为 CentOS 6/7(64 位),如图 2-37 所示,单击"下一步"按钮。

图 2-37　虚拟机基本信息

（3）按需选择 vm1 的硬件参数，在"光驱"中选中 CentOS 的镜像文件，如图 2-38 所示，单击"完成"按钮。

图 2-38　虚拟机硬件信息

（4）待 vm1 创建成功后，开机完成系统的安装，CentOS 7 的安装过程与在物理服务器上安装一样，此处不再重复。

2.4.2　为 vm1 安装 CAS tools

（1）参照项目 1 中安装 CAS tools 的方法，完成 castools.iso 镜像文件的加载，如图 2-39 所示。

图 2-39　光驱挂载

（2）打开 vm1 的控制台，加载虚拟光驱，并安装 CAS tools，文件路径为 linux/CAS_tools_install.sh，如图 2-40 所示。

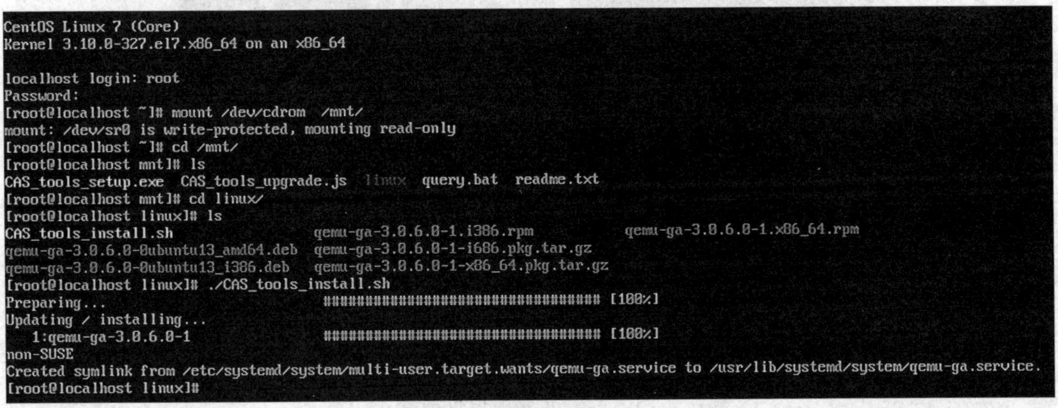
CentOS Linux 7 (Core)
Kernel 3.10.0-327.el7.x86_64 on an x86_64
localhost login: root
Password:
[root@localhost ~]# mount /dev/cdrom /mnt/
mount: /dev/sr0 is write-protected, mounting read-only
[root@localhost ~]# cd /mnt/
[root@localhost mnt]# ls
CAS_tools_setup.exe CAS_tools_upgrade.js linux query.bat readme.txt
[root@localhost mnt]# cd linux/
[root@localhost linux]# ls
CAS_tools_install.sh qemu-ga-3.0.6.0-1.i386.rpm qemu-ga-3.0.6.0-1.x86_64.rpm
qemu-ga-3.0.6.0-0ubuntu13_amd64.deb qemu-ga-3.0.6.0-1-i686.pkg.tar.gz
qemu-ga-3.0.6.0-0ubuntu13_i386.deb qemu-ga-3.0.6.0-1-x86_64.pkg.tar.gz
[root@localhost linux]# ./CAS_tools_install.sh
Preparing... ################################# [100%]
Updating / installing...
1:qemu-ga-3.0.6.0-1 ################################# [100%]
non-SUSE
Created symlink from /etc/systemd/system/multi-user.target.wants/qemu-ga.service to /usr/lib/systemd/system/qemu-ga.service.
[root@localhost linux]#

图 2-40　安装 CAS tools

（3）CAS tools 安装完成后，虚拟机 vm1 的“概要”中可以看到 CAS tools 状态为“运行”，如图 2-41 所示。

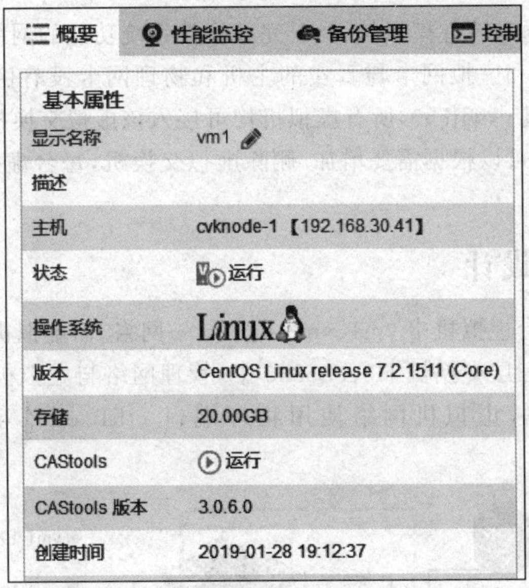
概要
性能监控
备份管理
控制
基本属性
显示名称 vm1
描述
主机 cvknode-1 【192.168.30.41】
状态 运行
操作系统 Linux
版本 CentOS Linux release 7.2.1511 (Core)
存储 20.00GB
CAStools 运行
CAStools 版本 3.0.6.0
创建时间 2019-01-28 19:12:37

图 2-41　CAS tools 状态

2.4.3　部署虚拟机 vm2、vm3、vm4

虚拟机 vm1 的 CAS tools 安装后，可以克隆生成 vm2 和 vm3，参照项目 1 中部署 Windows Server 2008 的方法完成虚拟机 vm4 的部署，如图 2-42 所示。

图 2-42　完成虚拟机部署

2.5　网络管理

虚拟机网络是指通过软件模拟的、具有完整硬件系统功能的网络平台。通过 H3C CAS CVM 虚拟出的虚拟机和虚拟网卡与真实的主机和物理网卡没有区别。默认情况下,主机中存在一台虚拟交换机 vswitch0,所有虚拟机均可接入该虚拟交换机,且该虚拟交换机绑定到物理网卡 eth0,用户可以根据需要增加/删除虚拟交换机,每台虚拟交换机必须绑定不同的物理网卡。

2.5.1　网络拓扑设计

根据项目描述,4 台虚拟机中 vm1、vm3 属于同一网络,而虚拟机 vm2、vm4 属于另一网络,4 台虚拟机均接入三层交换机 H3C S5800 中,管理网络与虚拟机网络分离,管理网络使用物理端口 eth0 互联,虚拟机网络使用物理端口 eth1、eth2 互联,具体拓扑结构如图 2-43 所示。

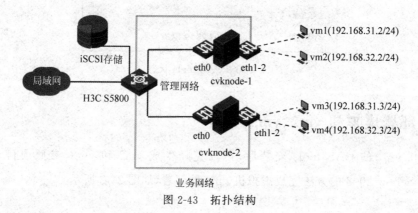

图 2-43　拓扑结构

H3C S5800 的 g1/0/1～3 分别与 cvknode-1 的 eth0、eth1、eth2 相连，H3C S5800 的 g1/0/4～6 分别与 cvknode-2 的 eth0、eth1、eth2 相连。

2.5.2　增加虚拟交换机 vswitch1

（1）单击左侧导航菜单"云资源"→hosts→groups→cvknode-1，在右侧内容页中单击"虚拟交换机"标签，如图 2-44 所示。

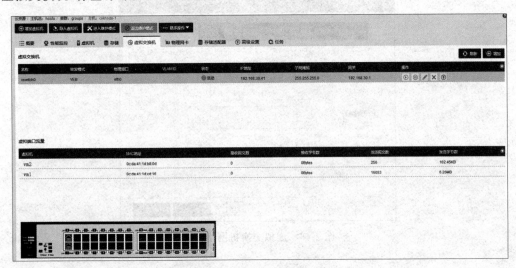

图 2-44　"虚拟交换机"列表页面

由图 2-44 可以观察到默认虚拟交换机 vswitch0 接入了虚拟机 vm1 和 vm2。

（2）单击"增加"按钮，打开"增加虚拟交换机"对话框，输入交换机名称，如图 2-45 所示，单击"下一步"按钮。

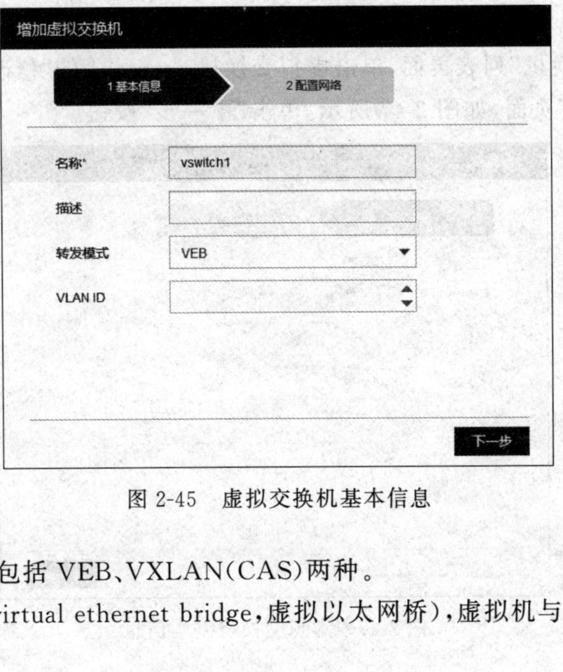

图 2-45　虚拟交换机基本信息

常用的转发模式包括 VEB、VXLAN(CAS)两种。

① VEB：VEB(virtual ethernet bridge，虚拟以太网桥)，虚拟机与虚拟机之间的流量通

过纯软件的方式进行转发。

② VXLAN(CAS)：CAS 云平台使用的一种 VXLAN 类型的虚拟交换机，接入该虚拟交换机的虚拟机基于 IP 网络、采用 MAC in UDP 封装形式实现二层 VPN 技术。

VLAN ID 表示该交换机所有端口所在 VLAN 的 ID。

(3) 设置网络信息，选中物理网卡 eth1，如图 2-46 所示，单击"完成"按钮。

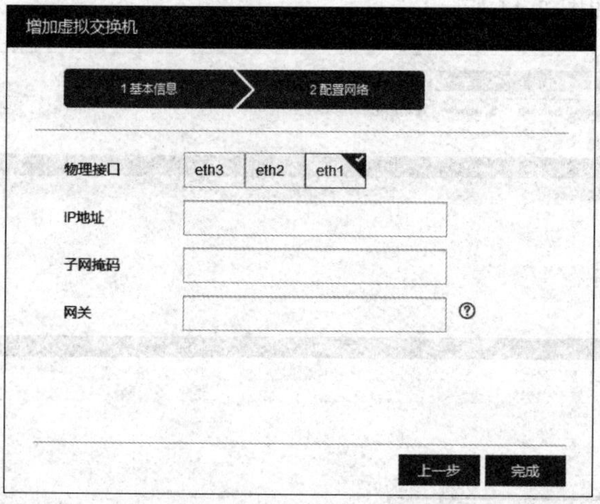

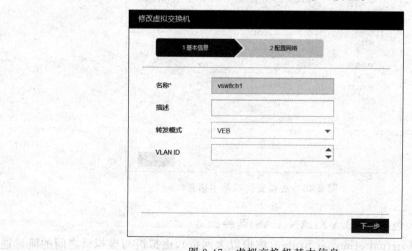

图 2-46　虚拟交换机网络信息

可以结合实际环境设置该虚拟交换机 IP 地址信息，如果 vswitch0 中已经设置了网关地址，vswitch1 不建议再设置网关地址。

用相同的方法，给主机 cvknode-2 增加虚拟交换机 vswitch1，绑定物理网卡 eth1。

2.5.3　端口聚合

一个交换机可以绑定多块网卡，即实现网卡的聚合。

(1) 在"虚拟交换机"列表页面，单击虚拟交换机 vswitch1 的"修改虚拟交换机"按钮，进入"修改虚拟交换机"页面，如图 2-47 所示，单击"下一步"按钮。

图 2-47　虚拟交换机基本信息

（2）在"配置网络"页面,同时选中多块物理网卡,实现网卡的聚合,如图 2-48 所示,单击"完成"按钮。

图 2-48　虚拟交换机网络信息

① 链路聚合模式:包括静态链路聚合、动态链路聚合,默认值为静态链路聚合,动态链路聚合需要在物理交换机上开启 LACP 功能。

② 负载分担模式:包括高级负载分担、基本负载分担、主备负载分担。高级负载分担根据转发报文的以太网类型、源 MAC 地址、目的 MAC 地址、VLAN Tag、IP 报文协议、源 IP 地址、目的 IP 地址、应用层源端口和目的端口进行负载分担。基本负载分担根据转发报文的源 MAC 地址和 VLAN Tag 进行负载分担。主备负载分担根据物理网卡主备进行负载分担。

（3）提醒确认与虚拟交换机连接的物理交换机上配置相应的链路聚合,如图 2-49 所示,单击"确定"按钮。

用相同的方法,在主机 cvknode-2 上修改虚拟交换机 vswitch1,聚合物理网卡 eth1、eth2。

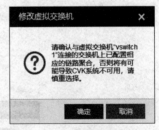

图 2-49　确认修改虚拟交换机

2.5.4　修改虚拟机的网络

虚拟交换机具有完整硬件系统的功能,可以将虚拟交换机划分到不同 VLAN 中。

1. 将虚拟机 vm1 接入虚拟交换机 vswitch1

（1）打开"修改虚拟机"页面,在"网络"中选择虚拟交换机 vswitch1,单击网络策略模板中的"搜索"按钮,弹出"选择网络策略模板"对话框,如图 2-50 所示。

（2）单击"增加"按钮,打开"增加网络策略模板"对话框,输入网络策略模板的名称:vlan10,类型:VLAN,设置 VLAN:是,VLAN ID:10,如图 2-51 所示,单击"下一步"按钮。

（3）按需设置出入方向流量限制策略,如图 2-52 所示,单击"完成"按钮。

（4）回到"选择网络策略模板"对话框,选择 vlan10,如图 2-53 所示,单击"确定"按钮。

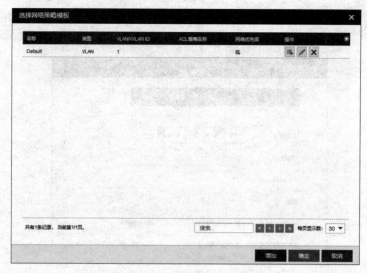

图 2-50　选择网络策略模板

图 2-51　网络策略模板基本信息

图 2-52　网络策略模板出入流量设置

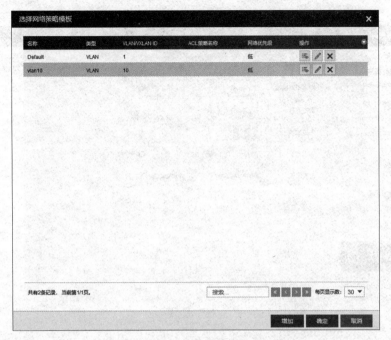

图 2-53　"选择网络策略模板"对话框

（5）回到"修改虚拟机"页面，如图 2-54 所示，单击"应用"按钮，并关闭页面。

图 2-54　修改虚拟机网络参数

参照类似操作步骤，完成虚拟机 vm2、vm3、vm4 的设置，设置完成后分别如图 2-55～图 2-57 所示。

图 2-55　修改虚拟机 vm2 网络参数

图 2-56　修改虚拟机 vm3 网络参数

图 2-57　修改虚拟机 vm4 网络参数

2. 实现 4 台虚拟机互通

在物理交换机 H3C S5800 上划分相应 vlanIf,实现 4 台虚拟机的互通。

(1) 将与 CVK 主机物理网卡 eth1、eth2 相连端口聚合,并将聚合端口 TRUNK。

```
[H3C]interface Bridge-Aggregation 1
[H3C-Bridge-Aggregation1]port link-type trunk
[H3C-Bridge-Aggregation1]port trunk permit vlan all
[H3C-Bridge-Aggregation1]quit
[H3C]interface range GigabitEthernet 1/0/2 to GigabitEthernet 1/0/3
[H3C-if-range]port link-aggregation group 1
[H3C-if-range]quit
[H3C]interface Bridge-Aggregation 2
[H3C-Bridge-Aggregation2]port link-type trunk
[H3C-Bridge-Aggregation2]port trunk permit vlan all
[H3C-Bridge-Aggregation2]quit
[H3C]interface range GigabitEthernet 1/0/5 to GigabitEthernet 1/0/6
[H3C-if-range]port link-aggregation group 2
[H3C-if-range]quit
```

(2) 设置 vlanIf。

```
[H3C]vlan 10
[H3C-vlan10]vlan 20
[H3C-vlan20]quit
[H3C]interface Vlan-interface 10
[H3C-Vlan-interface10]ip address 192.168.31.1 24
[H3C-Vlan-interface10]undo shutdown
```

```
[H3C-Vlan-interface10]quit
[H3C]interface Vlan-interface 20
[H3C-Vlan-interface10]ip address 192.168.32.1 24
[H3C-Vlan-interface10]undo shutdown
[H3C-Vlan-interface10]quit
```

2.5.5 端口镜像

端口镜像是指通过将源端口的数据报文复制到与数据监测设备相连目的端口,从而实现在目的端口上监测源端口的数据报文信息,用于数据分析和网络问题诊断。

1. 增加端口镜像

将所有访问虚拟机 vm1 的数据报文复制后转发给 vm3,便于在 vm3 对 vm1 进行数据分析和网络诊断。

(1) 单击左侧导航菜单"云资源"→hosts→groups→cvknode-1,在右侧内容页中单击"虚拟交换机"标签,打开虚拟交换机列表页,如图 2-58 所示。

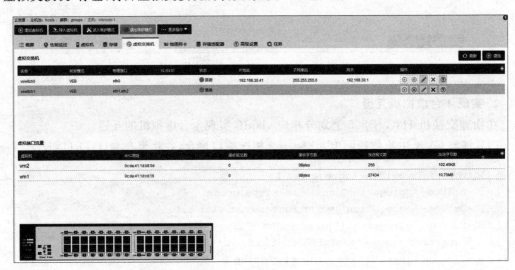

图 2-58　虚拟交换机列表页

(2) 单击虚拟交换机 vswitch1 相应的"高级设置"图标,弹出"高级设置"对话框,默认进入"端口镜像"列表页,如图 2-59 所示,单击"增加"按钮,弹出"增加端口镜像"对话框。

(3) 在"增加端口镜像"对话框中,输入名称:vlan10,镜像 VLAN ID:10,如图 2-60 所示,单击"下一步"按钮。

注意:端口镜像的源端口、目标端口必须属于同一个 VLAN,否则数据会转发失败。

(4) 提示指定源端口,单击"选择虚拟机网卡"按钮,在"选择虚拟机网卡"页面中选中虚拟机 vm1,如图 2-61 所示,单击"下一步"按钮。

(5) 提示指定目的端口,单击"选择虚拟机网卡"按钮,在"选择虚拟机网卡"页面中选中虚拟机 vm3,如图 2-62 所示,单击"完成"按钮。

(6) 如图 2-63 所示,单击"关闭"按钮,完成本次操作。

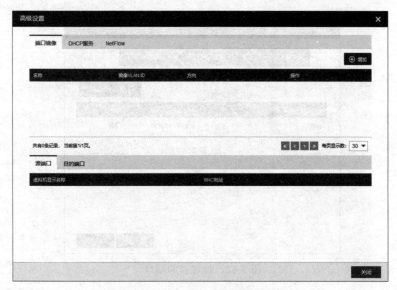

图 2-59 增加端口镜像

图 2-60 "增加端口镜像"对话框

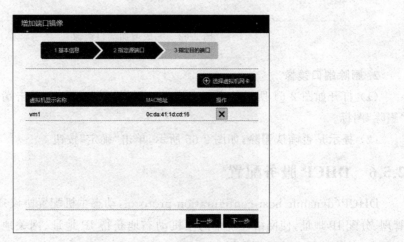

图 2-61 指定源端口

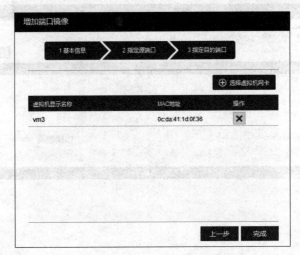

图 2-62　指定目的端口

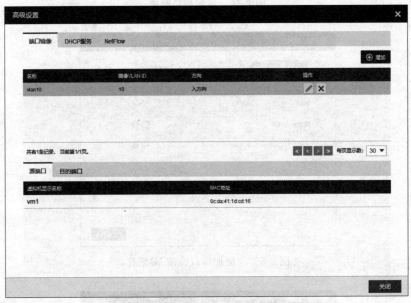

图 2-63　完成增加端口镜像

2. 删除端口镜像

（1）打开如图 2-64 所示的虚拟交换机"高级设置"对话框，单击端口镜像对应操作列的"删除"图标。

（2）提示是否确认删除，如图 2-65 所示，单击"确定"按钮。

2.5.6　DHCP 服务配置

DHCP（dynamic host configuration protocol，动态主机配置协议）的主要作用是集中地管理、分配 IP 地址，使网络环境中的主机动态地获得 IP 地址、网关地址、DNS 服务器地址等信息，并能够提升地址的使用率。

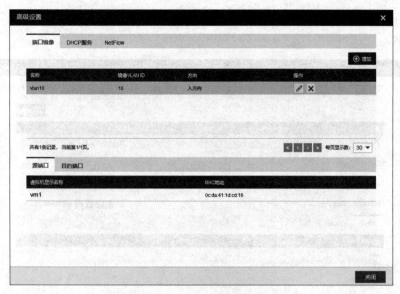

图 2-64 端口镜像列表页

图 2-65 确认删除端口镜像

增加 DHCP 服务可以简化用户增加虚拟机的操作,使得增加的虚拟机可以自动获得符合要求的 IP 地址。

(1) 单击左侧导航菜单"云资源"→hosts→groups→cvknode-1,在右侧内容页中单击"虚拟交换机"标签,打开虚拟交换机列表页,如图 2-66 所示。

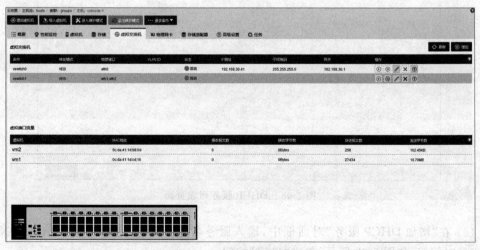

图 2-66 虚拟交换机列表页

（2）单击虚拟交换机 vswitch1 对应的"高级设置"图标，弹出"高级设置"对话框，如图 2-67 所示。

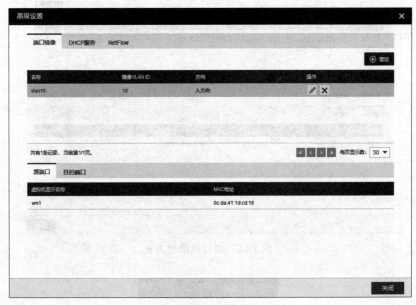

图 2-67 "高级设置"对话框

（3）单击"DHCP 服务"标签，进入 DHCP 列表页面，单击"增加"按钮，如图 2-68 所示，弹出"增加 DHCP 服务"对话框。

图 2-68 DHCP 服务列表页面

（4）在"增加 DHCP 服务"对话框中，输入服务名称、VLAN ID、IP 地址信息、DNS 地址、租约时间等，如图 2-69 所示，单击"确定"按钮。

图 2-69　增加 DHCP 服务

VLAN ID、IP 地址信息必须和前期设置一致，否则自动分配 IP 地址会失败。

（5）DHCP 服务增加完成后，在 DHCP 列表页可以查看到结果，并实时显示地址分配情况，如图 2-70 所示。

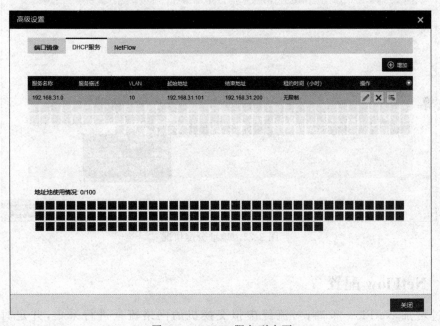

图 2-70　DHCP 服务列表页

DHCP 服务列表页可以管理 DHCP 服务，执行修改、删除等操作。

（6）将虚拟机 vm1 设置成动态获取地址，并重启网卡 eth0，观察 IP 地址分配情况，如图 2-71 所示。

```
[root@localhost ~]# ifdown eth0
[root@localhost ~]# ifup eth0

Determining IP information for eth0... done.
[root@localhost ~]# ip addr
1: lo: <LOOPBACK,UP,LOWER_UP> mtu 65536 qdisc noqueue state UNKNOWN
    link/loopback 00:00:00:00:00:00 brd 00:00:00:00:00:00
    inet 127.0.0.1/8 scope host lo
       valid_lft forever preferred_lft forever
    inet6 ::1/128 scope host
       valid_lft forever preferred_lft forever
2: eth0: <BROADCAST,MULTICAST,UP,LOWER_UP> mtu 1500 qdisc pfifo_fast state UP qlen 1000
    link/ether 0c:da:41:1d:cd:16 brd ff:ff:ff:ff:ff:ff
    inet 192.168.31.159/24 brd 192.168.31.255 scope global eth0
       valid_lft forever preferred_lft forever
    inet6 fe80::eda:41ff:fe1d:cd16/64 scope link
       valid_lft forever preferred_lft forever
[root@localhost ~]#
```

图 2-71　IP 地址分配成功

保持网络畅通,vm1、vm3 既可以动态获取 IP 地址,还可以在 vswitch1 上再增加 DHCP 服务,为 vm2、vm4 动态分配地址信息。

(7) 地址分配成功后,在 DHCP 服务列表页可以观察到地址分配情况。绿色代表已经分配成功的地址,移动鼠标指针可以观察详细信息,如图 2-72 所示。

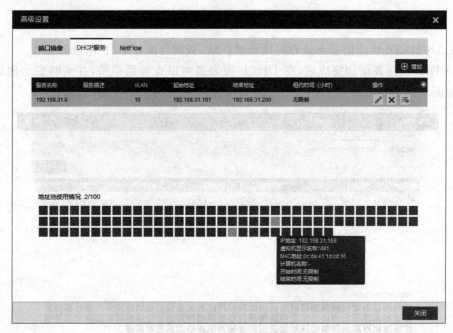

图 2-72　地址分配情况

2.5.7　NetFlow 配置

通过增加 NetFlow 策略,对流经虚拟交换机的网络流量进行采集,并定时发送到 NetFlow 收集器,网络管理员可以在 NetFlow 收集器上对虚拟交换机发送的流量进行分析,从而实现对虚拟交换机上所有端口的流量进行实时监控。

(1) 单击左侧导航菜单"云资源"→hosts→groups→cvknode-1,在右侧内容页中单击"虚拟交换机"标签,打开虚拟交换机列表页,如图 2-73 所示。

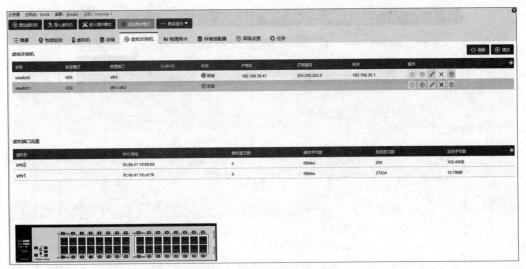

图 2-73　虚拟交换机列表页

（2）单击虚拟交换机 vswitch1 对应的"高级设置"图标，弹出"高级设置"对话框，如图 2-74 所示。

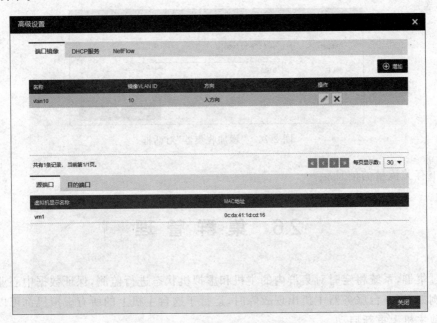

图 2-74　虚拟交换机高级设置

（3）单击 NetFlow 标签，进入 NetFlow 列表页面，如图 2-75 所示，单击"增加"按钮，弹出"增加收集器"对话框。

（4）在"增加收集器"对话框中输入收集器 IP 地址、端口，如图 2-76 所示，单击"确定"按钮。

NetFlow 收集器专门用于监控网络活动，能帮助用户了解流量构成、协议分析和用户活动的软件，与传统基于 SNMP、网络探针、尝试抓包的分析方法不同，它利用 Flow 技术来收

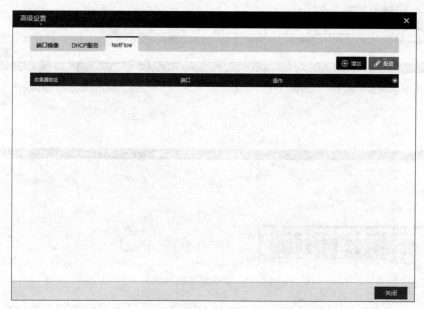

图 2-75　NetFlow 服务

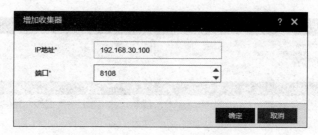

图 2-76　"增加收集器"对话框

集网络中有关流量的信息。

2.6　集群管理

通过集群,系统将定时对集群内的主机和虚拟机状态进行监测,保证数据中心业务的连续性。例如,当一台服务器主机出现故障时,运行于这台主机上的所有虚拟机都可以在集群中的其他主机上重新启动。

2.6.1　HA 策略管理

HA 是指高可靠性,HA 功能用于检测虚拟机故障,对集群中运行的虚拟机提供快速恢复功能。在检测不到检测信号时,虚拟机故障后将自动重启,最大限度地降低停机时间。

1. 开启 HA

增加集群的时候,系统会提示是否启用 HA,默认启用,操作员可以手动启用/关闭。

（1）单击左侧导航菜单"云资源"→hosts→groups,在右侧内容页中单击"高可靠性"按钮,弹出"修改集群高可靠性"对话框,如图 2-77 所示。

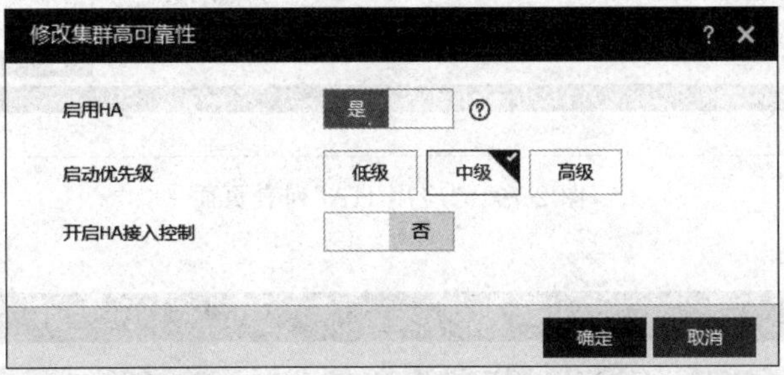

图 2-77 "修改集群可靠性"对话框

启动优先级包括低级、中级、高级,表示当 HA 与其他应用发生资源冲突时的优先级别。

(2) 开启 HA 接入控制后,可以设置 HA 生效的最小节点数、故障切换主机,以及为 HA 资源预留 CPU、内存资源,如图 2-78 所示。如果集群内正常运行的主机数量小于设置的生效最小节点数,虚拟机将无法进行 HA 故障迁移。故障切换主机是指当集群 HA 内出现故障虚拟机需要自动迁移时,优先将故障虚拟机迁移到故障切换主机,故障切换主机仅用于 HA 故障切换,不能手动增加、迁移虚拟机到故障切换主机。

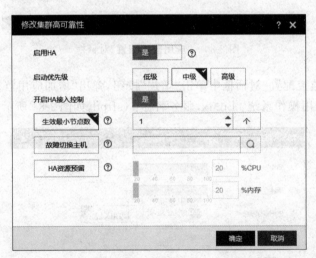

图 2-78 启用 HA

2. 增加应用 HA

HA 可以对集群内虚拟机的应用、服务(比如 DHCP、DNS、Web、VSFTPD)实时监控,当发生故障的时候,提供重启服务、重启虚拟机或运行命令等故障快速恢复功能。下面以监控虚拟机 vm1 上的服务 vsftpd 为例,讲解增加应用 HA 的操作方法。

(1) 单击左侧导航菜单"云资源"→hosts→groups,在右侧内容页中单击"应用 HA"标签,打开"应用 HA"列表页面,如图 2-79 所示。

(2) 在"应用 HA"列表页面中单击"应用监控配置"按钮,弹出"应用监控配置"对话框,如图 2-80 所示。

115

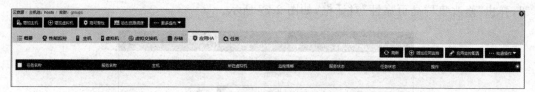

图 2-79 "应用 HA"列表页面

图 2-80 "应用监控配置"对话框

（3）在"应用监控配置"对话框中单击"增加"按钮，弹出"增加应用监控策略"对话框，输入名称：vsftpd，适用操作系统：Linux，服务名称：vsftpd，如图 2-81 所示，单击"确定"按钮。

图 2-81 增加应用监控策略

① 安装路径：可以通过程序的安装路径，指定 HA 需要监控的应用。

② HA 策略：当服务发生故障后，连续三次重启服务失败后的处理方式，包括重启虚拟机、不重启虚拟机。

③ 用户自定义命令行：当服务发生故障后，可以通过命令启用一个程序或者某服务。

（4）回到"应用监控配置"对话框，单击"取消"按钮，如图 2-82 所示。

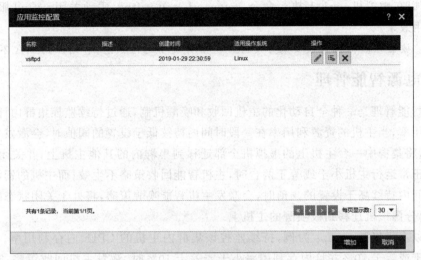

图 2-82 "应用监控配置"对话框

在"应用监控配置"对话框中可以对应用监控进行修改、查看、删除等操作。

（5）回到"应用 HA"列表页面，单击"增加应用监控"按钮，在弹出的对话框中输入任务名称为 vm1-vsftpd；选择虚拟机为 vm1；选择监控策略为 vsftpd；选择立即生效为"是"，如图 2-83 所示，单击"确定"按钮。

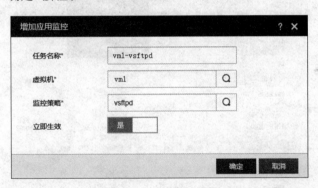

图 2-83 增加应用监控

（6）回到"应用 HA"列表页面，可以观察服务的状态，如图 2-84 所示。

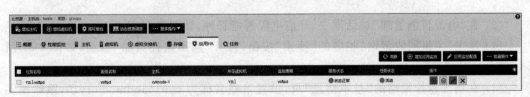

图 2-84 "应用 HA"列表页面

① 服务状态：包含未知、正常、应用故障、无法恢复。服务状态处于"未知"说明集群

HA 未能识别到服务，一般在刚刚增加应用监控时 CAS tools 未安装、未运行，或者是服务名称设置错误时会出现"未知"状态。

② 可以在虚拟机 vm1 上执行命令 systemctl stop vsftpd，手动关闭 vsftpd 服务，观察 HA 的应用效果。

注意：被监控虚拟机必须安装了 CAS tools 并处于运行状态，否则应用 HA 不会生效。

2.6.2　电源智能管理

电源智能管理是一种全自动化的主机回收和唤醒机制，通过持续监控集群内计算、存储资源的利用率，当主机的资源利用率在一段时间内持续低于设置的阈值时，会激发主机智能回收策略，将集群中一台主机上的虚拟机全部迁移到集群内的其他主机上，并关闭该主机，当集群内正常运行主机小于或等于两台时，主机智能回收策略不生效；而主机的资源利用率在一段时间内持续高于设置的阈值时，会激发主机智能唤醒策略，将处于关闭状态的主机唤醒，再将部分虚拟机迁移到被唤醒的主机上。

下面以主机集群 groups 为例，持续监控该集群内主机的 CPU、内存利用率。当 CPU 利用率小于或等于 10％并且内存利用率小于或等于 10％时，激发主机回收策略，实现虚拟机自动迁移；当 CPU 利用率大于 60％或内存利用率大于 60％时，激发主机唤醒策略。

（1）单击左侧导航菜单"云资源"→hosts→groups，在右侧内容页中单击"更多操作"按钮，在下拉菜单中选择"电源智能管理"命令，如图 2-85 所示，弹出"电源智能管理"对话框。

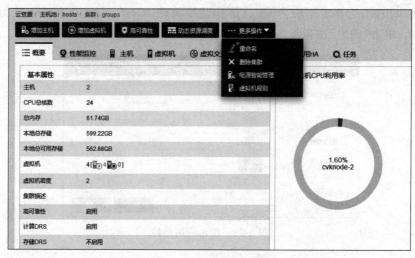

图 2-85　打开电源智能管理

（2）在"电源智能管理"对话框中，开启电源智能管理，如图 2-86 所示。

（3）单击"主机回收策略"相应的"搜索"按钮，打开"选择监控策略"页面，如图 2-87 所示，单击"增加"按钮。

（4）在增加监控策略的"基本信息"页，设置策略名称为 cpu10andmemory10，策略描述为"CPU 利用率≤10％并且内存利用率≤10％"，条件关系为"与"，如图 2-88 所示，单击"下一步"按钮。

图 2-86　开启电源智能管理

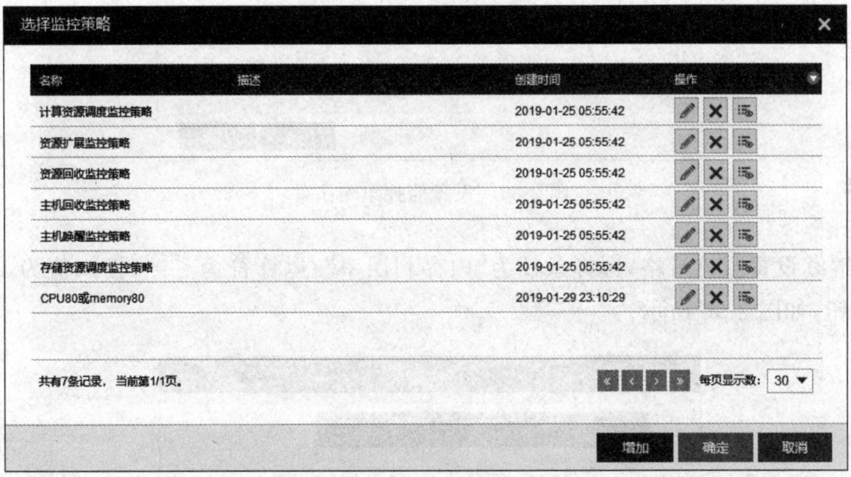

图 2-87　选择监控策略 1

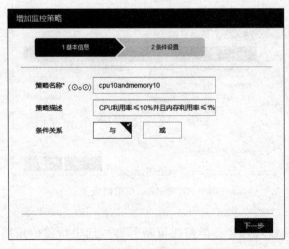

图 2-88　设置监控策略基本信息

（5）在"条件设置"页，选择条件为"CPU 利用率"，运算符为＜＝，输入值为 10，单击"增加"按钮，如图 2-89 所示。

图 2-89　设置监控策略条件

（6）继续设置监控策略，选择条件为"内存利用率"；运算符为＜＝；输入值为 10。单击"增加"按钮，如图 2-90 所示。

图 2-90　完成监控策略设置

（7）单击"完成"按钮，回到"选择监控策略"页面，选中新建的策略，如图 2-91 所示，单击"确定"按钮。

（8）回到"电源智能管理"对话框，单击"主机唤醒策略"相应的"搜索"按钮，打开"选择

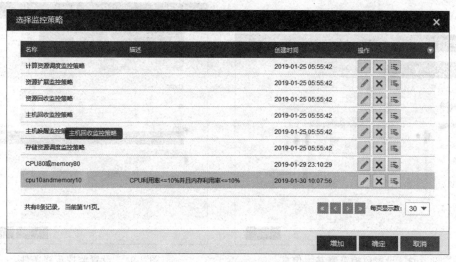

图 2-91　选择监控策略 2

监控策略"页面,如图 2-92 所示,单击"增加"按钮。

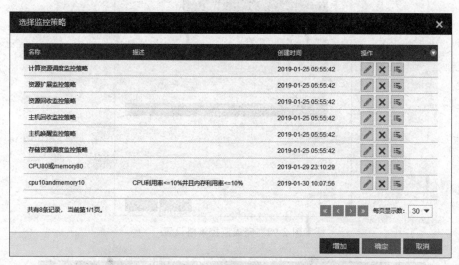

图 2-92　选择监控策略 3

(9) 在增加监控策略的"基本信息"页中输入策略名称 cpu60ormemory60,策略描述为 "CPU 利用率<60%或内存利用率<60%";条件关系为"或",如图 2-93 所示。单击"下一步"按钮。

(10) 在"条件设置"页,选择条件为"CPU 利用率";运算符为>;输入值为 60,单击"增加"按钮,如图 2-94 所示。

(11) 继续设置监控策略,选择条件为"内存利用率";运算符为>;输入值为 60,单击"增加"按钮,如图 2-95 所示。

(12) 单击"完成"按钮,回到"选择监控策略"页面,选中新建的策略,如图 2-96 所示,单击"确定"按钮。

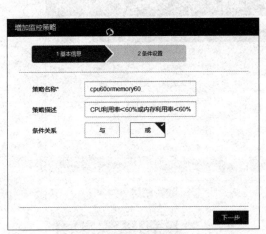

图 2-93　设置监控策略基本信息

图 2-94　设置监控策略条件

图 2-95　完成监控策略设置

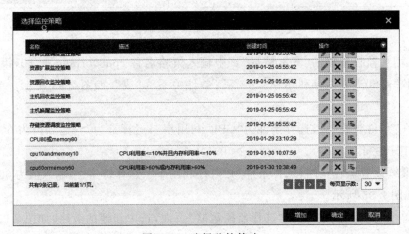

图 2-96　选择监控策略 4

（13）回到"电源智能管理"对话框，如图 2-97 所示，单击"确定"按钮，完成电源智能管理策略的设置。

图 2-97　电源智能管理

2.6.3　虚拟机规则

虚拟机规则用于管理集群中的虚拟机规则信息。操作员可以通过设置虚拟机规则来约束同一集群中的虚拟机必须在同一台主机上运行或不能在同一主机上运行，同时可以设置虚拟机关联动作，必须同时启动、关机，或者开关机。

（1）单击左侧导航菜单"云资源"→hosts→groups，在右侧内容页中单击"更多操作"按钮，在下拉菜单中选择"虚拟机规则"命令，进入"虚拟机规则"列表页，如图 2-98 所示。

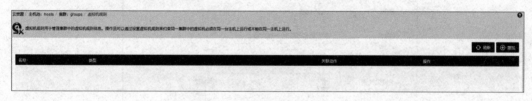

图 2-98　"虚拟机规则"列表页

（2）单击"增加"按钮，弹出"修改虚拟机规则"对话框，如图 2-99 所示。输入名称为 vm1-vm2，设置类型为虚拟机必须在同一台主机上，关联动作为启动/关闭，单击"虚拟机列表"相应的"增加"按钮。

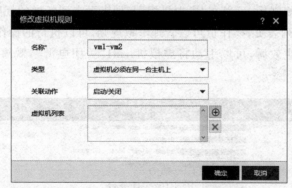

图 2-99　"修改虚拟机规则"对话框

123

（3）在"选择虚拟机"页面中选中虚拟机 vm1 和 vm2，如图 2-100 所示，单击"确定"按钮。

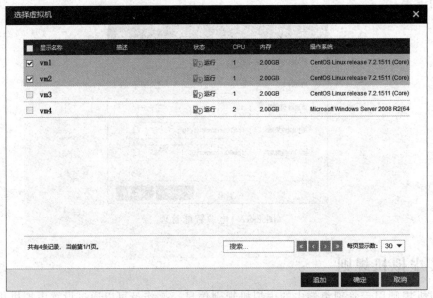

图 2-100　选择虚拟机

（4）回到"修改虚拟机规则"对话框，如图 2-101 所示，单击"确定"按钮。

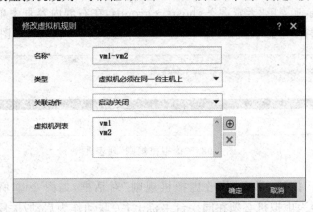

图 2-101　修改虚拟机规则

（5）增加虚拟机规则后，可以在"虚拟机规则"列表页查到新增的规则。

在"虚拟机规则"列表页，操作员可以管理虚拟规则，可以执行的操作包括编辑、删除。

（6）虚拟机规则生效后，可以手动将虚拟机 vm1"关闭电源"，观察虚拟机规则生效结果，如图 2-102 所示。

图 2-102　任务台

2.6.4　动态资源调度

动态资源调度(dynamic resource scheduling,DRS)是一种全自动化的资源分配和负载均衡机制,通过持续监控集群内计算、存储资源的利用率,当主机的资源利用率达到设置的阈值,会激发动态资源调度策略,将该主机上的虚拟机(优先选择资源占有率最小的虚拟机)自动迁移到有更多可用资源的主机上,持续平衡集群内各个主机资源的利用率,从而确保每个虚拟机在任何节点都能及时地调用相应的资源,尽力保障虚拟机上业务不中断。

下面以主机 cvknode-1 为例,持续监控该主机的 CPU、内存利用率,当 CPU 利用率大于或等于 80%或者内存利用率大于或等于 80%,激发动态资源调度机制,实现虚拟机自动迁移。

(1) 单击左侧导航菜单"云资源"→hosts→groups,在右侧内容页中单击"动态资源调度"按钮,弹出"动态资源调度"对话框,开启计算资源 DRS,如图 2-103 所示。

图 2-103　开启动态资源调度

① 持续时间:指允许主机的资源利用持续超过监控策略的设定的阈值的最长时间,默认是 5 分钟,可设置的有效范围是 2~1440。

② 时间间隔:指检查主机的时间间隔,默认是 10 分钟,可设置的有效范围是 10~300。

③ 开启存储资源 DRS:通过磁盘 I/O 吞吐量、IOPS 和磁盘利用率等参数作为临界值判断,当虚拟机资源利用率超出临界值时,就会将存储上的虚拟机迁移到主机中的另一个存储上。

(2) 单击"监控策略"相应的"搜索"按钮,弹出"选择监控策略"对话框,如图 2-104 所示,单击"增加"按钮。

系统内置了一些监控策略,既可以直接使用,也可以单击"增加"按钮自定义监控策略。

图 2-104　选择监控策略 1

（3）在"增加监控策略"页，设置策略名称为"CPU80 或 memory80"；条件关系为"或"，如图 2-105 所示，单击"下一步"按钮。

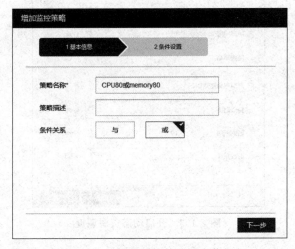

图 2-105　设置监控策略基本信息

（4）在"条件设置"页，选择运算符为＞＝；输入值为 80，单击"增加"按钮，如图 2-106 所示。

（5）继续设置监控策略，选择条件为"内存利用率"，运算符为＞＝；输入值为 80，单击"增加"按钮，如图 2-107 所示。

（6）单击"完成"按钮，回到"选择监控策略"对话框，选中新建的策略，如图 2-108 所示，单击"确定"按钮。

（7）回到"动态资源调度"对话框，如图 2-109 所示，单击"确定"按钮。

（8）打开"修改虚拟机"对话框，将"自动迁移"设置为"是"，如图 2-110 所示。

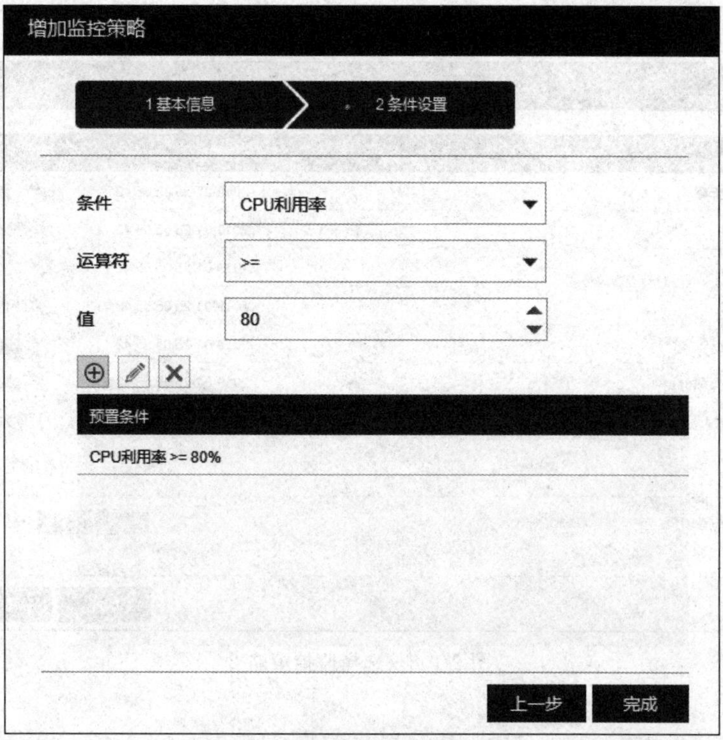

图 2-106　设置监控策略条件

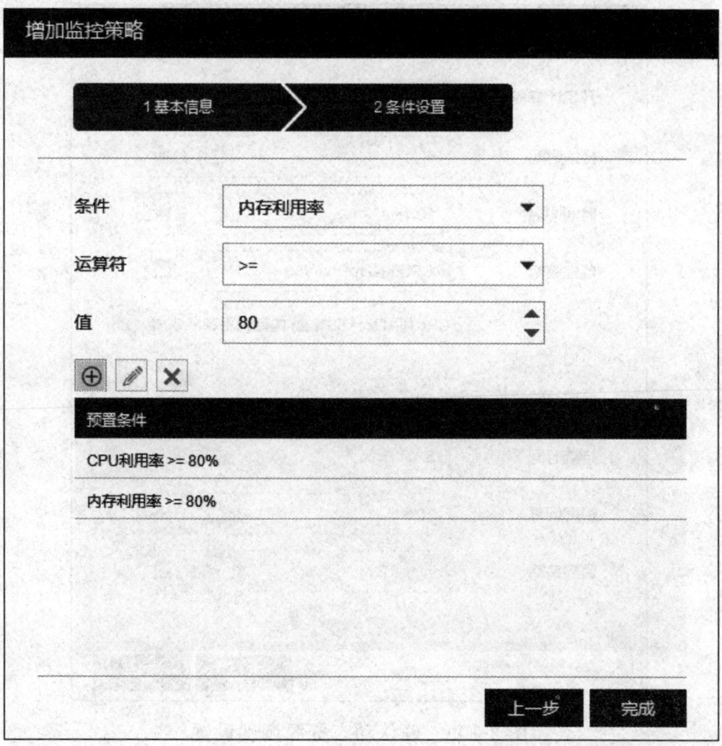

图 2-107　完成监控策略设置

图 2-108　选择监控策略 2

图 2-109　确认动态资源调度设置

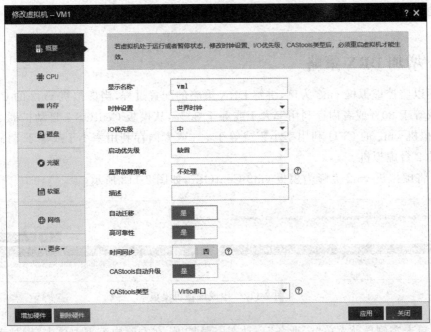

图 2-110　修改虚拟机

（9）动态资源调度策略配置完成后，可以在主机 cvknode-1 上安装并运行压力测试软件，验证 DRS 的生效情况，如图 2-111 所示。

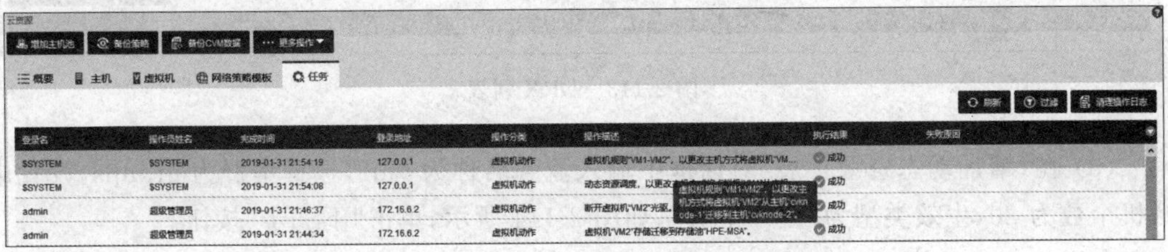

图 2-111　自动迁移成功

虚拟机自动迁移的前提是虚拟机使用共享存储，如果虚拟机使用本地存储将会迁移失败，同时虚拟机迁移之前会自动断开光驱和软驱。

2.7　动态资源扩展

传统的业务部署无法自动应对突发的流量，需要在突发之前做出预判并添加物理资源，或者针对峰值进行部署，缺乏灵活性并且浪费资源。动态资源扩展（dynamic resource extension，DRX）通过定时监控虚拟机的连接数、CPU 和内存等资源的利用率，并根据设置的资源扩展监控策略及注入模式、资源回收监控策略及回收模式，自动调整虚拟机的数量。当虚拟机的资源利用率达到资源扩展监控策略中设置的阈值时，会激发资源注入配置策略，从虚拟机模板自动扩展虚拟机的数量；当虚拟机的资源利用率低于资源回收监控策略中设置的阈值时，会激发资源回收配置策略，关闭、删除或者休眠部分虚拟机，至少保留一台虚拟机运行。

2.7.1 增加 DRX 策略

下面以监控虚拟机 vm2 为例，讲解 DRX 策略的配置过程，当虚拟机 vm2 的 CPU 利用率大于或等于 80％或者内存利用率大于或等于 80％，从模板 CentOS 7 自动扩展 2 台虚拟机；当虚拟机 vm2 的 CPU 利用率小于或等于 5％或者内存利用率小于或等于 5％，立即关闭扩展的 2 台虚拟机。

（1）将虚拟机 vm2 克隆为模板 vm2-CentOS7，如图 2-112 所示。

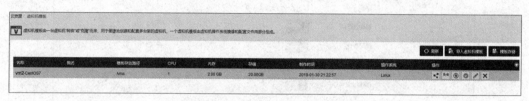

图 2-112　生成虚拟机模板

（2）单击左侧导航菜单"云业务"→动态资源扩展，在右侧内容页中单击"增加动态资源扩展"按钮，如图 2-113 所示。

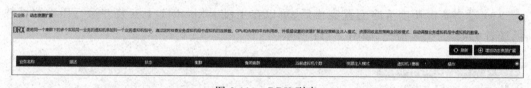

图 2-113　DRX 列表

（3）在"增加动态资源扩展"对话框中输入业务名称为 vm2，选择集群为 groups，设置虚拟机个数为 20，生效类型为"立即生效"，如图 2-114 所示，单击"下一步"按钮。

图 2-114　设置 DRX 基本信息

① 集群：DRX 所运行的集群，即被监控主机所在的集群。

② 备用集群：DRX 所运行的备用集群，当集群无法满足扩展条件时向备用集群进行扩展。

③ 虚拟机个数：DRX 支持的虚拟机最大个数，即被监控的虚拟机和扩展后的虚拟机总数，默认值为 20，取值范围为 1~100，如果该值设置成 1，DRX 不会自动扩展虚拟机。

④ 生效类型：包括立即生效、时间段内生效、不生效，默认不生效。

⑤ 绑定 LB 联动资源：虚拟机和扩展后的虚拟机组成业务扩展组，可以与负载均衡设备 LB 联动，对外提供业务访问。

（4）单击"资源注入配置"相应的"搜索"按钮，弹出"选择监控策略"对话框，选择"资源扩展监控策略"，如图 2-115 所示，单击"确定"按钮。

图 2-115　选择 DRX 监控策略

（5）设置资源注入模式为"快速部署"，每次扩展的个数为 1，如图 2-116 所示。

图 2-116　设置 DRX 业务参数

资源注入模式包括快速部署、快速克隆。快速部署需要指定模板,从模板自动扩展虚拟机;快速克隆是通过选择被克隆的虚拟机,在业务扩展组中进行快速克隆来创建新的虚拟机。

(6) 单击"资源回收配置"相应的"搜索"按钮,弹出"选择监控策略"对话框,选择"资源回收监控策略",如图 2-117 所示,单击"确定"按钮。

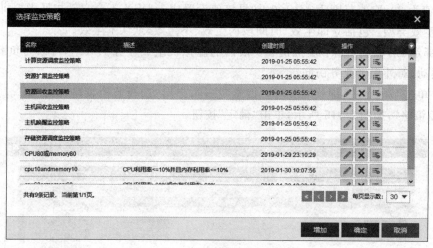

图 2-117　选择"资源回收监控策略"

(7) 设置资源回收策略,资源回收类型为"立即回收",资源回收模式为"关闭虚拟机",保留运行的个数为 1,如图 2-118 所示,单击"下一步"按钮。

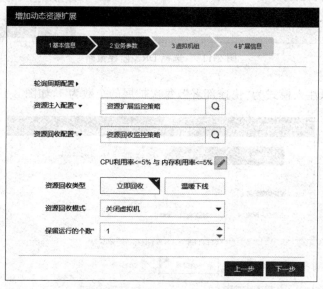

图 2-118　设置资源回收策略

资源回收类型包括立即回收、温暖下线。立即回收是指一旦触发了资源回收监控策略,立即执行资源回收模式中设置的动作;选择"温暖下线"类型后,可以设置回收阈值、超时时间。回收阈值是指虚拟机发送报文数的最大值,超时时间是指执行回收策略的缓冲时间。

(8) 选择被监控的虚拟机:vm1,如图 2-119 所示,单击"下一步"按钮。

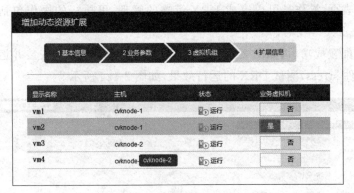

图 2-119 选择虚拟机组

可以选择业务虚拟机的个数小于或等于"基本信息"中设置的虚拟机个数,原则上应该小于"基本信息"中设置的虚拟机个数,否则 DRX 不会自动扩展虚拟机。

(9)单击"虚拟机模板"相应的"搜索"按钮,弹出"虚拟机模板"对话框,选中虚拟机模板 vm2-CentOS7,如图 2-120 所示,单击"确定"按钮。

(10)输入虚拟机前缀名称和 IP 地址信息,如图 2-121 所示,单击"完成"按钮。

图 2-120 选择虚拟机模板

图 2-121 设置扩展信息

地址信息即扩展后的虚拟机使用的 IP 地址、子网掩码、网关等信息。

(11)DRX 配置结束后,可以在 DRX 的列表页查看到新增的 DRX 策略,如图 2-122 所示。

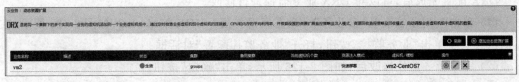

图 2-122 DRX 列表页

133

在 DRX 列表页,操作员可以完成 DRX 策略的管理,可执行的操作包括启动/暂停、编辑、删除等。

(12) DRX 配置成功后,如图 2-123 所示,可以在虚拟机 vm2 上安装并运行压力测试软件,比如开源软件 stress,测试 DRX 的运行效果,如图 2-124 所示。

图 2-123　DRX 配置成功

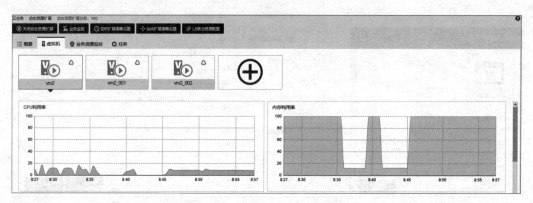

图 2-124　虚拟机 vm2 内存监控

注:Windows 系列操作系统可以安装压力测试软件 StressMyPc。

2.7.2　修改业务监控

DRX 配置完成后,可以对 DRX 业务监控进行修改。

(1) 单击左侧导航菜单"云业务"→动态资源扩展→DRX 策略 vm2,如图 2-125 所示,在右侧内容页中单击"业务监控"按钮,打开"业务监控配置"对话框。

(2) 完成业务监控修改后,如图 2-126 所示,单击"确定"按钮。

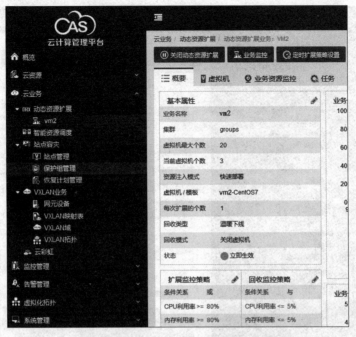

图 2-125　业务监控配置

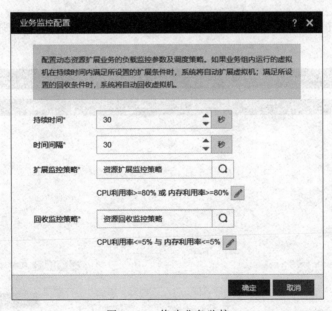

图 2-126　修改业务监控

2.7.3　定时扩展策略设置

DRX 配置完成后,可以修改 DRX 生效的时间段,即定时扩展策略设置。

(1) 单击左侧导航菜单中的"云业务"→动态资源扩展→DRX 策略 vm2,如图 2-127 所示,在右侧内容页中单击"定时扩展策略设置"按钮。

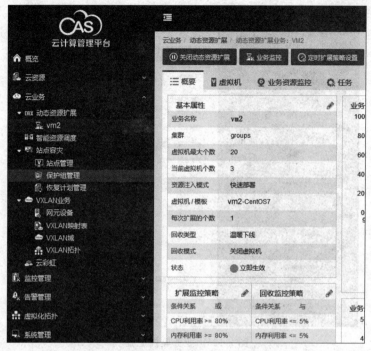

图 2-127　单击"定时扩展策略设置"按钮

（2）在"定时扩展策略"对话框中单击"增加"按钮，如图 2-128 所示，弹出"增加定时扩展策略"对话框。

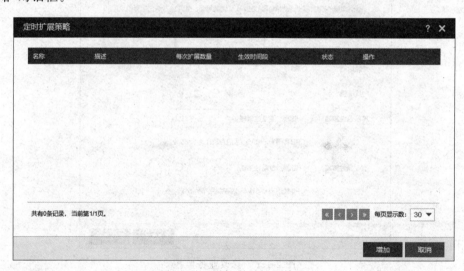

图 2-128　增加定时扩展策略

（3）在"增加定时扩展策略"对话框中输入名称，每次扩展的个数，选择频率，以及开始时间、截止时间，如图 2-129 所示，单击"确定"按钮。

（4）回到"定时扩展策略"对话框，如图 2-130 所示，单击"取消"按钮。

在"定时扩展策略"对话框中，操作员可以对定时扩展策略进行管理，可执行的操作包

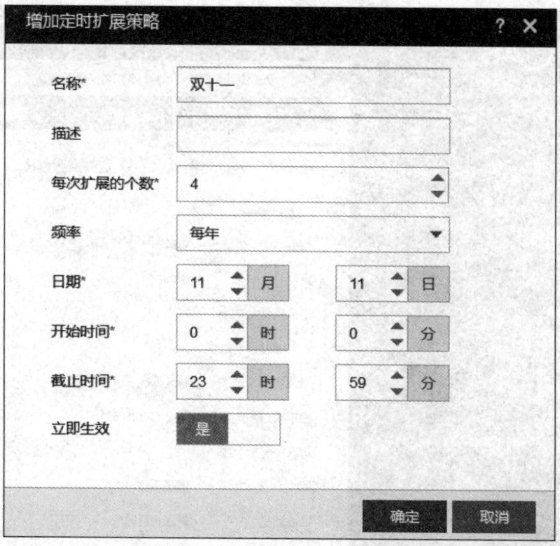

图 2-129　设置定时扩展策略参数

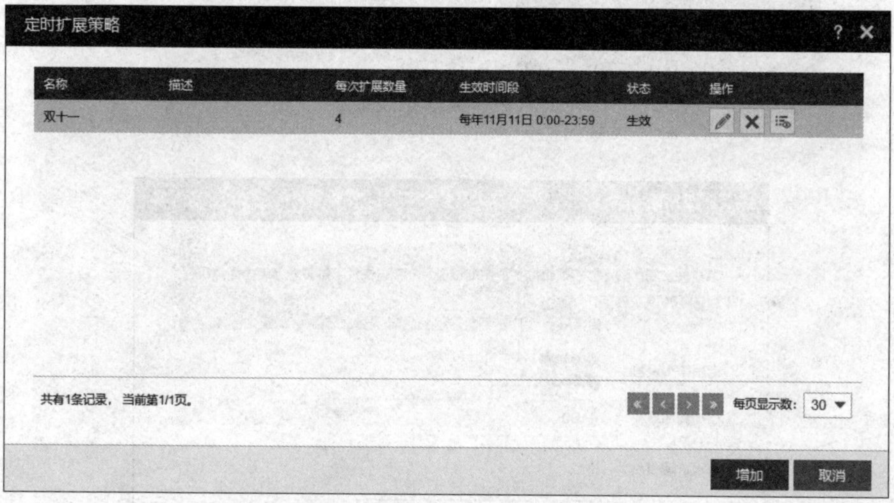

图 2-130　"定时扩展策略"对话框

括：增加、编辑、删除、查看。

2.7.4　纵向扩展策略设置

纵向扩展策略是指设置有关 CPU、内存利用率的阈值，当虚拟机的 CPU、内存利用率超过阈值时，自动扩展虚拟机的 CPU、内存的数量。

（1）单击左侧导航菜单"云业务"→DRX 动态资源扩展→vm2，如图 2-131 所示，在右侧内容页中单击"纵向扩展策略设置"按钮，打开"纵向扩展策略"对话框。

（2）在"纵向扩展策略"对话框中启用 CPU 设置，并输入 CPU 利用率的阈值、每次扩展 CPU 的个数、允许使用的 CPU 上限，如图 2-132 所示。

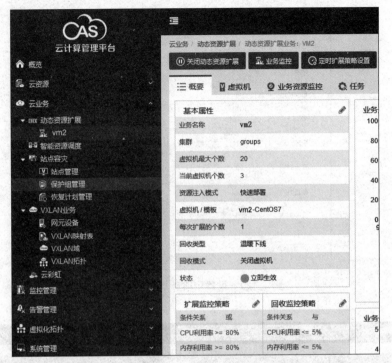

图 2-131　纵向扩展策略

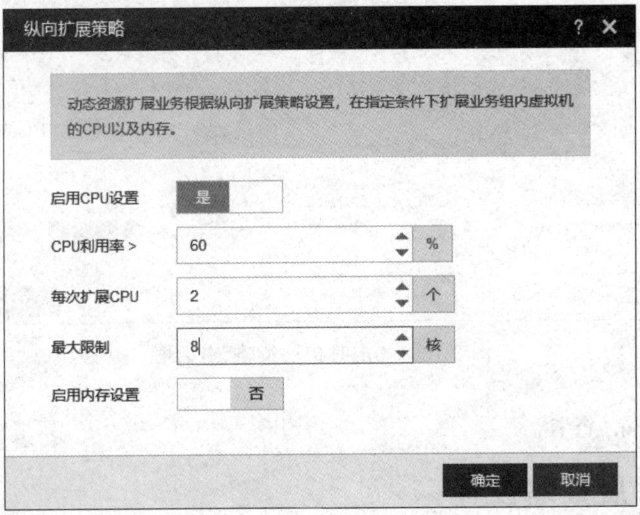

图 2-132　设置纵向扩展策略

　　允许使用的 CPU 最大个数应该小于或等于虚拟机 CPU 限制中的设置,如图 2-133 所示。

　　(3) 可以继续设置纵向扩展策略,启用内存设置,并输入内存利用率的阈值、每次扩展内存的大小、允许使用的内存上限,如图 2-134 所示。

　　最大限制: 允许使用的内存上限应该小于或等于虚拟机内存限制中的设置,如

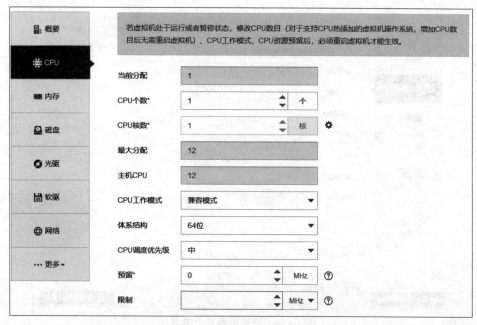

图 2-133　设置 CPU 最大限制

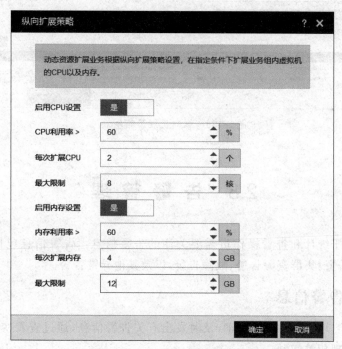

图 2-134　开启内存设置

图 2-135 所示。

（4）单击"确定"按钮，完成设置，可以在虚拟机 vm2 上运行压力测试软件，观察 DRX
生效的结果，如图 2-136 所示。

图 2-135　设置内存最大限制

图 2-136　纵向扩展策略生效

2.8　告警管理

告警管理用于统计和查看操作员需要关注的告警信息。告警信息包括：主机资源告警、虚拟机资源告警、集群资源告警、故障告警，以及其他异常告警。

2.8.1　实时告警信息

CVM 系统会实时监测系统状态，及时发出有关告警信息，通过查看实时告警信息，操作员可以及时处理相关问题。

1. 查看实时告警信息

（1）单击左侧导航菜单中的"告警管理"→"实时告警"，打开"实时告警"列表页，如图 2-137 所示。

（2）单击"高级过滤"按钮，可以设置查询条件，选择告警信息的确认状态、告警级别、类

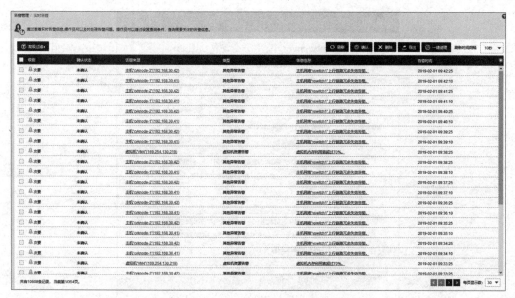

图 2-137　"实时告警"列表页

型、告警信息,以及告警起止时间,单击"查询"按钮,在实时告警信息列表中将会显示符合查询条件的告警信息,如图 2-138 所示。

图 2-138　实时告警高级过滤

① 确认状态:包括所有状态、已确认、未确认,默认为"所有状态","已确认"表示告警信息已被处理,"未确认"表示操作员未处理告警信息。

② 告警级别:包括所有级别、紧急、重要、次要、提示,默认为"所有级别",其他选项表示告警信息的重要等级。

③ 告警信息:用于描述告警信息的具体内容,如果在"告警信息"文本框中输入了关键字,系统将使用模糊查询,列出与该关键字有关的实时告警信息。

④ 时间:告警信息产生的时间。

(3) 查看告警的详细信息。在实时告警信息列表页,单击告警信息列相应的"告警信息",弹出告警的详细信息,如图 2-139 所示。

在查看告警详细信息页面,单击"编辑维护经验"按钮,可以输入维护经验,如图 2-140 所示,单击"确定"按钮后结果如图 2-141 所示。

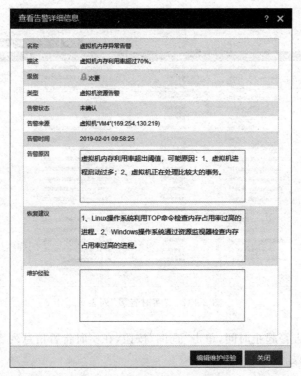

图 2-139　查看告警详细信息

图 2-140　编辑维护经验

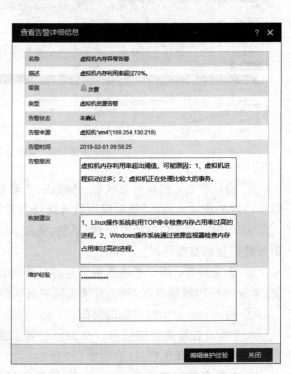

图 2-141　完成查看

2. 确认实时告警信息

告警的确认状态是判断某告警信息是否已经被操作员处理过的一种标识。通过查看告警的确认状态,很容易区分哪些告警是没有处理过的,哪些告警是已经处理过的。

(1) 在实时告警信息列表页,选中需要被确认的告警信息,如图 2-142 所示。

图 2-142　实时告警信息列表

(2) 单击"确认"按钮,被确认的告警信息"确认状态"标识为"已确认",如图 2-143 所示。

图 2-143　确认告警信息

3. 删除告警信息

(1) 在实时告警信息列表页,选中需要删除的告警信息,单击"删除"按钮,如图 2-144 所示。

图 2-144　删除告警信息

(2) 单击"确定"按钮,完成删除操作;单击"取消"按钮,取消删除操作。

4. 导出告警信息

将告警信息导出为 .csv 格式文件,可方便管理员携带或通过邮件发送告警信息。

（1）在实时告警信息列表页，单击"导出"按钮，弹出打开/保存文件对话框，如图 2-145 所示。

（2）选择打开或者保存文件，完成导出操作。

5．一键清理

按照查询条件清理满足条件的告警信息，步骤如下。

（1）在实时告警信息列表页，单击"一键清理"按钮，弹出"一键清理"对话框，如图 2-146 所示。

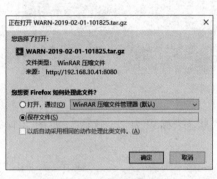

图 2-145 导出告警

图 2-146 一键清理告警信息

（2）选择或输入查询条件，单击"确定"按钮。

2.8.2 告警阈值配置

告警阈值指的是触发告警的最低值，当主机、集群、虚拟机的 CPU、内存、存储等资源利用率达到预设值的阈值时，触发相应告警。告警阈值还包括故障告警、其他异常告警的告警等级。告警阈值配置提供了管理（查看、修改、启用、禁用）预定义告警阈值信息、配置告警服务器的 IP 地址等功能。

1．查看预定义告警阈值信息

（1）单击左侧导航菜单"告警管理"→"告警阈值配置"，打开"告警阈值配置"列表页，如图 2-147 所示。

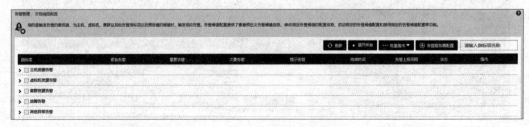

图 2-147 告警阈值配置

（2）单击"展开所有"按钮，可以打开告警阈值的配置列表页，如图 2-148 所示。

2．告警服务器配置

配置第三方接收告警信息的服务器 IP 地址。告警服务器能够接收并识别当前 CVM

图 2-148　告警阈值的配置列表页

及其管理主机发出的告警信息,比如其他 CVM 管理主机。

(1) 在"告警阈值配置"列表页,单击"告警服务器配置"按钮,输入告警服务器 IP 地址, 单击"增加"按钮,如图 2-149 所示。

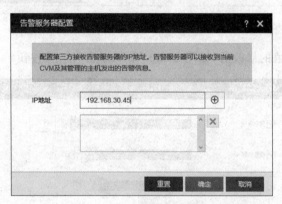

图 2-149　告警服务器配置

(2) 单击"确定"按钮,完成告警服务器配置,如图 2-150 所示。

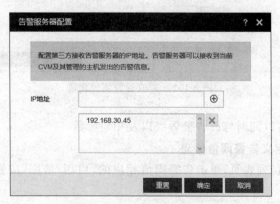

图 2-150　完成告警服务器设置

3. 修改预定义告警阈值信息

（1）在"告警阈值配置"列表页，单击告警阈值相应的"修改"按钮，弹出"修改告警阈值"对话框，如图 2-151 所示。

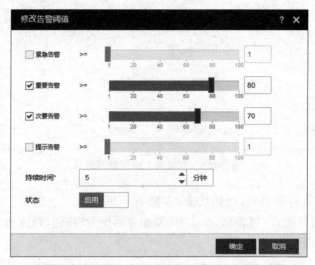

图 2-151　修改告警阈值

（2）完成告警阈值的修改后，如图 2-152 所示，单击"确定"按钮。

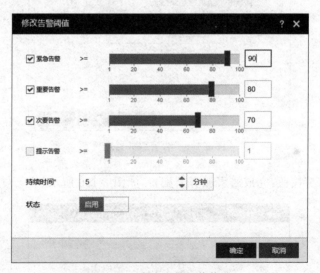

图 2-152　完成告警阈值修改

修改告警阈值，可以同时修改告警等级以及相应参数。

4. 启用/禁用预定义告警阈值信息

在"告警阈值配置"列表页，单击告警阈值相应的"启用/禁用"按钮，可以完成告警阈值的启用与禁用。

5. 批量操作预定义告警阈值信息

对选中的告警阈值，可以执行批量启用/禁用操作。

（1）在"告警阈值配置"列表页，选中预批量操作的告警阈值，单击"批量操作"按钮，在下拉菜单中选择"批量启动指标"或者"批量禁用指标"命令，如图 2-153 所示。

图 2-153　批量操作告警阈值

（2）单击"确定"按钮，完成批量操作，如图 2-154 所示。

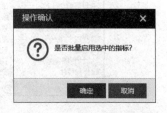

图 2-154　确认批量操作

2.8.3　告警通知管理

告警通知管理可以设置告警以邮件或者短信方式通知用户。告警短信应用之前，必须完成短信服务器相关参数设置，H3C CAS 平台支持的短信类型包括：吉信通短信平台、华为短信机、移动代理服务器、瑞成短信平台，使用告警短信通知必须提前开通短信业务。告警邮件通知可以通过公网邮件系统，也可以通过企业内部邮件系统转发邮件。

下面以部署企业内部邮件系统为例，讲解告警邮件通知的设置方法，企业内部邮件服务器域名为 mail.h3c-cas.local，邮件账户为 h3c-cas@h3c-cas.local。

1. 部署虚拟机 vm5

部署虚拟机 vm5，安装操作系统 Windows 2003 SP2，并安装组件 DNS、POP3。

（1）打开 vm5 控制台，如图 2-155 所示。

图 2-155　虚拟机 vm5 控制台

147

（2）单击"开始"→"设置"→"控制面板"，打开控制面板，如图 2-156 所示。

图 2-156　虚拟机 vm5 控制面板

（3）双击"添加或删除程序"，打开"添加或删除程序"窗口，如图 2-157 所示。

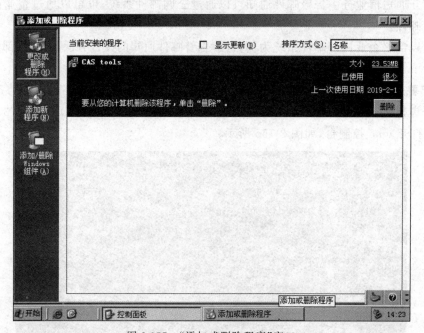

图 2-157　"添加或删除程序"窗口

（4）单击"添加/删除 Windows 组件"，弹出"Windows 组件向导"对话框，如图 2-158 所示。

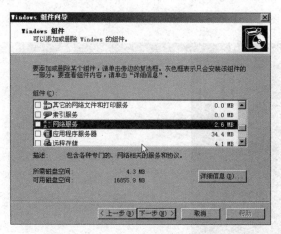

图 2-158　"Windows 组件向导"对话框

（5）单击"网络服务"，然后单击"详细信息"按钮，弹出"网络服务"对话框，选中"域名系统（DNS）"复选框，如图 2-159 所示。

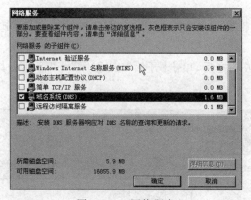

图 2-159　网络服务

（6）单击"确定"按钮，回到"Windows 组件向导"对话框，选中"电子邮件服务"复选框，如图 2-160 所示，单击"下一步"按钮。

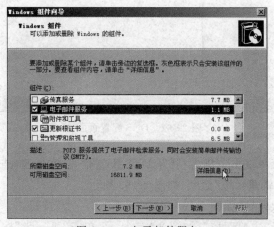

图 2-160　电子邮件服务

149

（7）稍等片刻，如图 2-161 所示，单击"完成"按钮，完成组件 DNS、POP3 的安装。

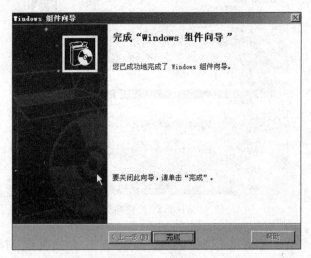

图 2-161　完成安装

安装过程中，如果未检测到 Windows 2003 SP2 的镜像文件，系统会提示加载。

2. 部署 DNS 服务

（1）DNS 组件安装成功之后，单击"开始"→"程序"→"管理工具"→DNS，打开 DNS 配置页面，如图 2-162 所示。

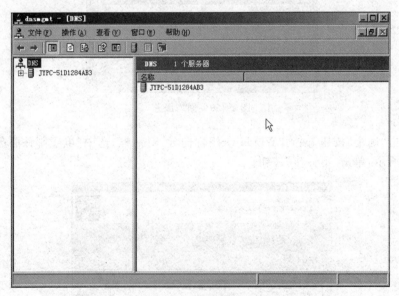

图 2-162　DNS 配置页面

　　（2）在左侧导航菜单双击主机名，展开 DNS 配置信息，在"正向查找区域"上右击，在弹出的快捷菜单中选择"新建区域"命令，如图 2-163 所示。

　　（3）打开新建区域向导，如图 2-164 所示，单击"下一步"按钮。

　　（4）区域类型选择"主要区域"，如图 2-165 所示，单击"下一步"按钮。

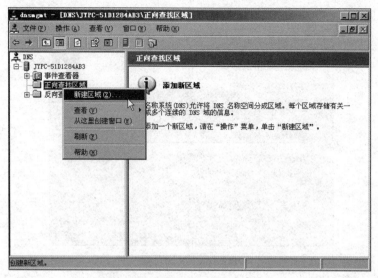

图 2-163　新建区域

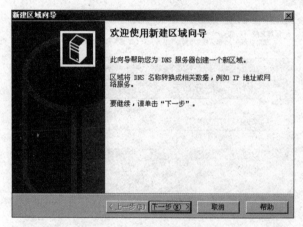

图 2-164　新建区域向导

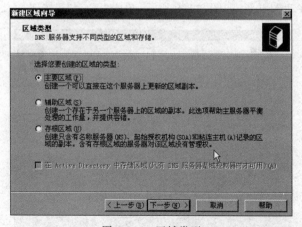

图 2-165　区域类型

（5）输入区域名称 h3c-cas.local，如图 2-166 所示，单击"下一步"按钮。

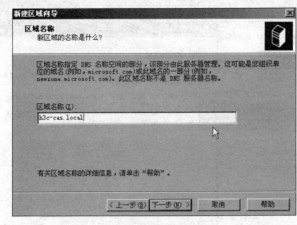

图 2-166　区域名称

（6）确认区域文件后，如图 2-167 所示，单击"下一步"按钮。

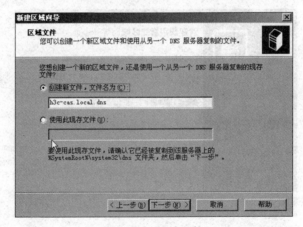

图 2-167　区域文件

（7）设置不允许动态更新，如图 2-168 所示，单击"下一步"按钮。

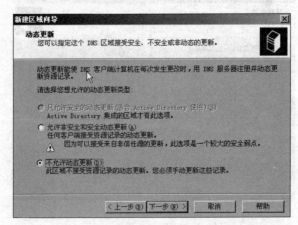

图 2-168　动态更新

（8）如图 2-169 所示，单击"完成"按钮，完成新建区域。

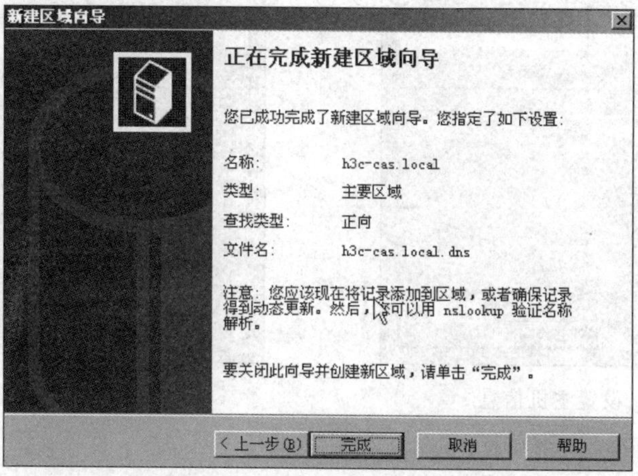

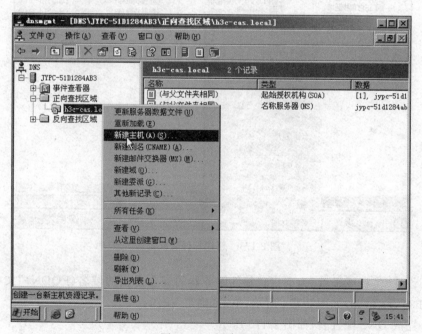

图 2-169　完成新建区域

（9）回到 DNS 配置窗口，双击"正向查找区域"，在新建的区域"h3c-cas.local"上右击，在弹出的快捷菜单中选择"新建主机"命令，如图 2-170 所示。

图 2-170　新建主机

（10）输入名称为 mail，IP 地址为 192.168.30.107，如图 2-171 所示，单击"添加主机"按钮。

（11）如图 2-172 所示，单击"完成"按钮，完成新建主机。

（12）在新建的区域 h3c-cas.local 上右击，在弹出的快捷菜单中选择"新建邮件交换器"命令，如图 2-173 所示。

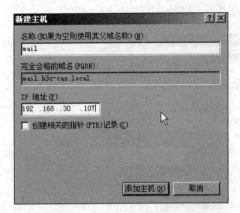

图 2-171 设置主机信息

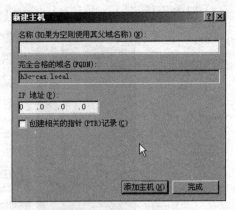

图 2-172 完成新建主机

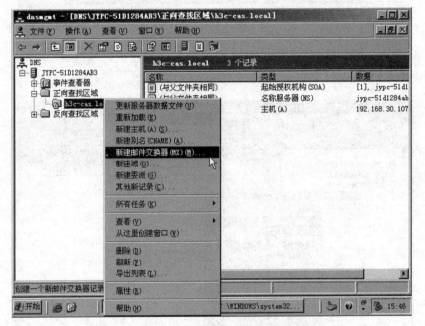

图 2-173 新建邮件交换器

（13）设置"主机或子域"为空，在"邮件服务器的完全合格的域名（FQDN）"文本框中输入：mail.h3c-cas.local，如图 2-174 所示，单击"确定"按钮。

（14）完成 DNS 配置后，如图 2-175 所示。

（15）测试域名解析，如图 2-176 所示。

3．部署邮件系统

（1）把 POP3 组件安装成功之后，单击"开始"→"程序"→"管理工具"→"POP3 服务"，打开"POP3 服务"配置窗口，如图 2-177 所示。

（2）在左侧导航菜单主机名上右击，在弹出的快捷菜单中选择"新建"→"域"命令，如图 2-178 所示。

（3）输入域名为 h3c-cas.local，如图 2-179 所示，单击"确定"按钮。

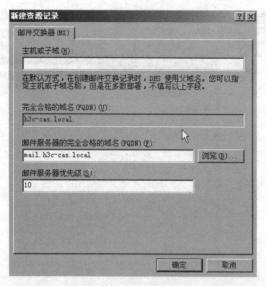

图 2-174　新建资源记录

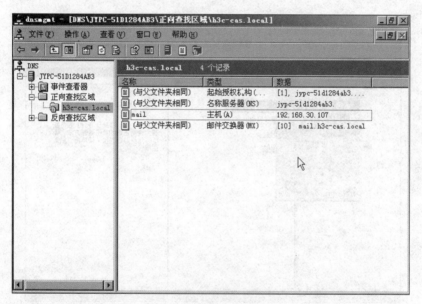

图 2-175　完成 DNS 配置

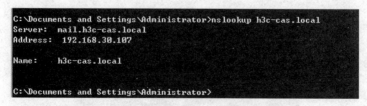

图 2-176　测试域名解析

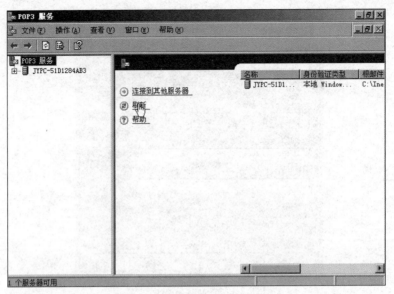

图 2-177　"POP3 服务"配置窗口

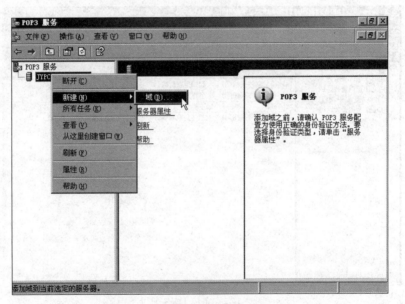

图 2-178　新建域

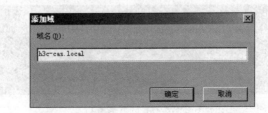

图 2-179　添加域

（4）域添加成功后，在左侧导航菜单中单击新建的域 h3c-cas.local，单击"添加邮箱"按钮，如图 2-180 所示。

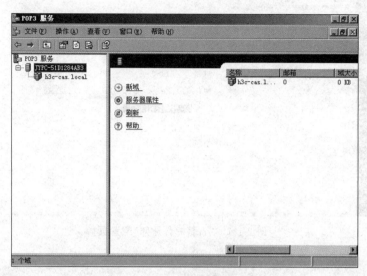

图 2-180　展开新建域

（5）输入邮箱名为 h3c-cas、密码，如图 2-181 所示，单击"确定"按钮。

（6）如图 2-182 所示，单击"确定"按钮，完成 POP3 的配置。

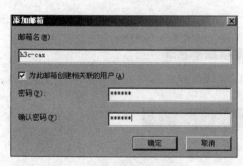

图 2-181　添加邮箱

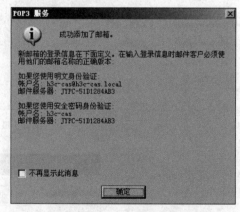

图 2-182　成功添加了邮箱

4. 告警邮件通知设置

（1）远程登录 CVM 平台，单击左侧导航菜单"告警管理"→"告警通知"，打开"告警邮件通知"配置页，如图 2-183 所示。

（2）输入目的邮件地址为 h3c-cas@h3c-cas.local，并单击"增加"按钮，选择需要关注的告警级别、需要关注的告警，如图 2-184 所示。

（3）单击"邮件配置"按钮，弹出邮件配置对话框，输入邮件地址信息，如图 2-185 所示，单击"保存"按钮。

服务器地址可以使用邮件服务器的域名或者 IP 地址。

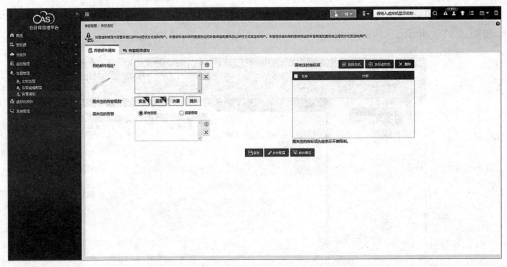

图 2-183 "告警邮件通知"配置页

图 2-184 设置邮件地址

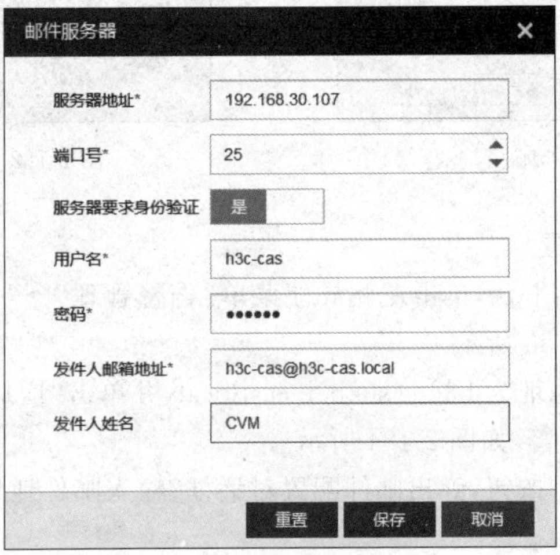

邮件服务器	✕
服务器地址*	192.168.30.107
端口号*	25
服务器要求身份验证	是
用户名*	h3c-cas
密码*	●●●●●●
发件人邮箱地址*	h3c-cas@h3c-cas.local
发件人姓名	CVM

重置　保存　取消

图 2-185 邮件服务器信息

（4）回到"告警邮件通知"设置页，单击"选择主机"按钮，选择需要关注的主机，如图 2-186 所示。

图 2-186　"告警邮件通知"设置页

（5）选择需要关注的主机，如图 2-187 所示，单击"确定"按钮。

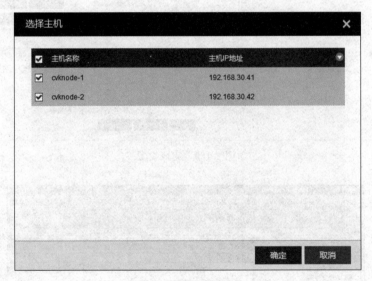

图 2-187　选择主机

（6）单击"选择虚拟机"按钮，选择需要被关注的虚拟机，如图 2-188 所示，单击"确定"按钮。

（7）如图 2-189 所示，单击"保存"按钮，完成告警邮件通知设置。

（8）可以单击"邮件测试"按钮，测试邮件系统状态，如图 2-190 所示。

（9）当触发了需要关注的告警，邮件会自动发送至指定邮箱，如图 2-191 所示。告警邮件详情如图 2-192 所示。

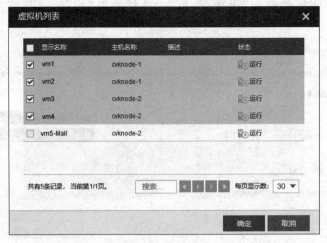

图 2-188　选择虚拟机

图 2-189　完成设置

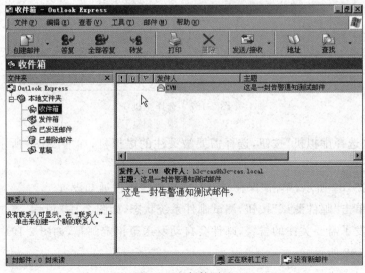

图 2-190　邮件测试

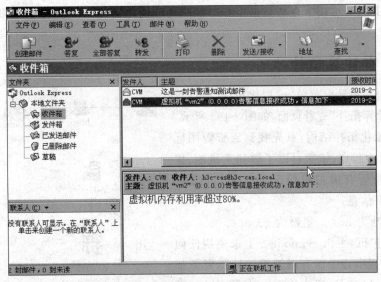

图 2-191 收到告警邮件

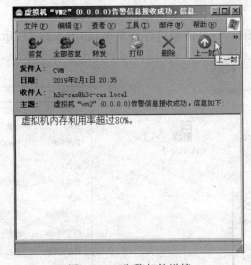

图 2-192 告警邮件详情

2.9 虚拟化拓扑

虚拟化拓扑可用于查看数据中心的计算资源、网络资源、存储资源相互之间的依赖关系,虚拟化拓扑包括计算拓扑、网络拓扑和存储拓扑。

① 计算拓扑:可用于查看数据中心中所有虚拟机的计算资源(CPU、内存)分布、使用情况,便于操作员统筹整个数据中心的计算资源。

② 网络拓扑:可用于查看数据中心的各节点拓扑情况,包括物理主机、虚拟交换机、虚拟机、存储等节点信息。

③ 存储拓扑：可用于查看数据中心中存储资源使用情况，以及所有虚拟机存储资源挂载信息。

2.9.1　查看计算拓扑

（1）单击左侧导航菜单"虚拟化拓扑"→计算拓扑，打开"计算拓扑"查看页面，如图 2-193 所示。

查看虚拟化拓扑结构，首先找到云资源图标，以云资源为起点，依次可以了解到主机池、集群、主机，以及所有虚拟机情况。从图 2-193 可以了解到以下信息。

① 主机池为 hosts、集群为 groups。

② 两台主机，主机 cvknode-2 上未使用任何计算资源，数据中心中所有虚拟机的计算资源都在主机 cvknode-1 上，双击"双击展示"图标，可以详细了解虚拟机的计算资源使用情况。

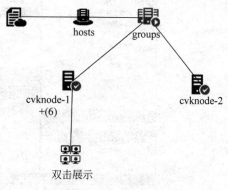

图 2-193　计算拓扑

（2）双击"双击展示"图标，查看虚拟机列表，如图 2-194 所示。

（3）单击某虚拟机图标，打开虚拟机详细页面，如图 2-195 所示。

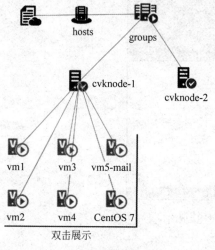

图 2-194　虚拟机列表

图 2-195　虚拟机详细页面

从图 2-195 可知虚拟机 vm1 的 CPU、内存、磁盘等信息，同时可以执行启动、关闭、关闭电源等操作，单击"更多操作"按钮，还可以完成暂停、修复、休眠、重启操作。

2.9.2　查看网络拓扑

（1）单击左侧导航菜单"虚拟化拓扑"→网络拓扑，打开"网络拓扑"查看页面，如图 2-196 所示。

首先找到云资源图标，以云资源为起点，依次可以了解到主机、网卡、虚拟交换机，以及所有虚拟机情况。从图 2-196 可以得出以下信息。

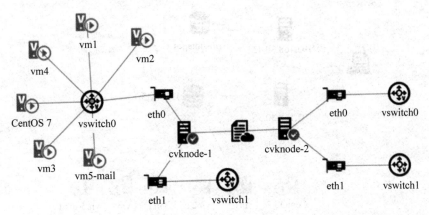

图 2-196 网络拓扑

① 数据中心包含两台主机 cvknode-1、cvknode-2。

② 主机 cvknode-1 已使用两块物理网卡，网卡 eth0 被绑定到虚拟交换机 vswitch0，网卡 eth1 被绑定到虚拟交换机 vswitch1，虚拟交换机上接入了虚拟机 vm1、vm2、vm3、vm4、CentOS 7 和 vm5-mail。

③ 主机 cvknode-2 已使用两块物理网卡，网卡 eth0 被绑定到虚拟交换机 vswitch0，网卡 eth1 被绑定到虚拟交换机 vswitch1。主机 cvknode-2 未接入任何虚拟机。

（2）单击主机，可以查看主机的详细信息，如图 2-197 所示。

（3）单击虚拟交换机，可以查看虚拟交换机的详细信息，包括虚拟交换机的名称、转发模式、绑定的物理网卡，以及管理 IP 地址、网关等信息，如图 2-198 所示。

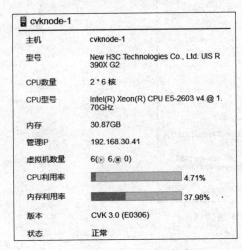

图 2-197 主机的详细信息

图 2-198 虚拟交换机的详细信息

2.9.3 查看存储拓扑

（1）单击左侧导航菜单"虚拟化拓扑"→存储拓扑，打开"存储拓扑"查看页面，如图 2-199 所示。

找到云资源图标，以云资源为起点，依次可以了解到存储服务器、存储池，以及所有

163

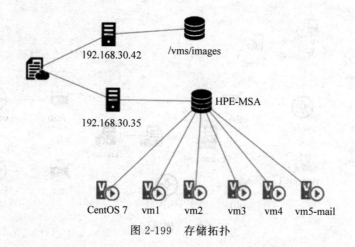

图 2-199　存储拓扑

虚拟机情况,从图 2-199 中可以得出以下信息。

① 数据中心具有两台存储服务器,其中,IP 地址为 192.168.30.42 的存储服务器是 CVK 主机,具有本地存储池/vms/images;IP 地址为 192.168.30.35 的存储服务器是一台 HPE 存储设备,CVK 主机挂载后的存储池名称为 HPE-MSA。

② 数据中心中所有虚拟机文件都存放在 HPE-MSA 存储设备上。

(2) 单击存储池,可以查看存储池的详细信息,包括存储池的名称、类型、目标路径,以及总容量、已使用容量、空闲容量、容量利用率等信息,如图 2-200 所示。

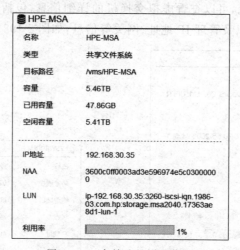

图 2-200　存储池的详细信息

项 目 总 结

本项目介绍了 H3C CAS 的集群、网络,以及存储的有关知识。集群包含了 HA、DRX、DRS 等高级特性,通过对集群的配置,可以快捷地实现虚拟机开关机、自动迁移,以及弹性资源调度;网络部分介绍了虚拟交换机新增、端口聚合、VLAN、ACL 等配置;存储部分重点介绍了 HPE MSA 2040 存储服务器的配置。在部署集群、网络、存储的时候需要注意以下几个问题。

(1) H3C CAS 系统安装好之后,建议修改系统时间,且确保所有主机、虚拟机的系统时间同步。

系统时间如果设置错误,有可能会影响到 HA、ACL,修改方法:SSH 登录 CVM 主机,输入命令:date -s "time",将 CVM 作为 NTP 服务器,修改虚拟机,打开时间同步选项。

(2) DRS 功能实现,虚拟机不能够自动迁移。

实现虚拟机的自动迁移有几个要素。第一要素:集群中 DRS 功能是否已经开启,修改集群,按需打开计算资源 DRS 或者存储 DRS。第二要素:物理主机的 CPU、内存或者存储是否已达到所设置的 DRS 阈值,并且持续了一段时间。在物理主机上运行压力测试软件,模拟极端情境。第三要素:虚拟机的自动迁移是否已经打开,修改虚拟机设置,打开自动迁移选项。第四要素:虚拟机的光驱或者软驱是否存在挂载文件,如果已挂载文件,需要卸载掉。

(3) DRX 生效后,需要负载均衡设备的配置,通过负载均衡设备实现多个虚拟机负载平衡。

负载均衡可通过负载均衡硬件、负载均衡软件两种方式实现。常见的负载均衡硬件厂商有 F5、H3C、深信服、华为等;常用的负载均衡软件有 IPVS、HAProxy 等。

项目 3　构建混合云平台

项目描述

江苏某云网络技术服务公司是一家新型互联网企业，公司业务涉及网络工程、云主机、云数据存储、云桌面以及云安全等。公司组织架构包括市场部、技术部等。

公司要整改网络架构，采用公有云技术来实现公司办公环境的整改，具体如下。

（1）技术部员工访问虚拟桌面，必须保存员工数据。

（2）市场部员工访问虚拟桌面，不可以更改虚拟桌面设置。

（3）为客户提供云主机服务。

（4）配置公司邮件服务，便于公司员工、客户能够及时获取事务审批流程与结果。

项目需求分析

该公司现有四台型号为 HP 490X 的机架式服务器，公司服务器硬件参数如表 3-1 所示。

表 3-1　公司服务器硬件参数

服务器主机	CPU	内存/GB	硬　　盘	网卡/块	备　　注
HP 490X-1	2.2GHz,10 核	32	容量 300GB 磁盘 2 块	4	部署 CVK、CVM、CIC、SSV
HP 490X-2	2.2GHz,10 核	32	容量 300GB 磁盘 2 块；容量 1.2TB 磁盘 3 块	4	部署 CVK
HP 490X-3	2.2GHz,10 核	32	容量 300GB 磁盘 5 块	4	部署 CVK
HP 490X-4	2.2GHz,10 核	32	容量 300GB 磁盘 3 块；容量 1.2TB 磁盘 2 块	4	部署 CVK
千兆交换机	H3C S5800				业务网络、管理网络互联
万兆交换机	H3C S12500				存储网络互联

学习目标

（1）深入掌握 RAID 磁盘阵列的配置方法。

（2）理解 H3C CAS SSV 组件的特点与功能，并掌握云用户注册、登录、注销，以及云主机的申请、登录、延期、注销等管理方法。

（3）理解 H3C CAS CIC 组件的特点与功能，并掌握 CIC 中云用户电子流、云主机电子流的审批方法。

（4）深入掌握虚拟桌面池的部署方法。

（5）掌握分布式存储系统的相关理论知识，并掌握 vStor 分布式存储系统的配置方法。

3.1　公司数据中心拓扑结构设计

根据公司现有硬件、业务平台的实际情况，公司拓扑结构设计如图 3-1 所示，该拓扑不仅可用于实验环境，也适用于小型企业生产环境。

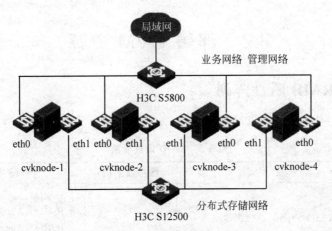

图 3-1　公司拓扑结构图

公司现有的四台服务器的第一块网卡 eth0 通过一台千兆交换机 H3C S5800 互联，第二块网卡 eth1 通过一台万兆交换机 H3C S12500 互联，其中第一台服务器用来部署 H3C CAS 公有云，负责管理整个数据中心平台，并提供各类云主机模板，第二台服务器主要为市场部员工提供云桌面服务，第三台服务器主要为技术部员工提供虚拟桌面服务，第四台服务器主要为公司客户提供云主机租赁服务，同时在第二、第三、第四台服务器上部署分布式存储系统，将空闲零散的存储资源集中管理、共享分配。第一台服务器需要安装 CVK、CVM、CIC、SSV 组件，增加 CVM 资源，为公有云服务提供管理平台与基础架构，第二、第三、第四台服务器只需要部署 CVK 组件，提供分布式存储管理系统 vStor。公司 IP 地址分配如表 3-2 所示。

表 3-2　公司 IP 地址分配

服务器	类　型	操作系统	IP 地址	备　注
cvknode-1	主机	CVK	192.168.30.41/24	CVM、CIC、SSV 管理机
	E-mail	CentOS 7（64 位）	192.168.30.50/24	邮件服务器
cvknode-2	主机	CVK	192.168.30.42/24	市场部
	虚拟桌面	Windows 7（64 位）	192.168.30.0/24	
	分布式存储	vStor	192.168.1.11/24	

服务器	类 型	操 作 系 统	IP 地址	备 注
	主机	CVK	192.168.30.43/24	
cvknode-3	虚拟桌面	CentOS 7（64 位）	192.168.30.0/24	技术部
	分布式存储	vStor	192.168.1.12/24	
	主机	CVK	192.168.30.44/24	
cvknode-4	云主机	Windows Server 2008	192.168.30.0/24	公司客户
	分布式存储	vStor	192.168.1.14/24	

3.2 部署 CVM 资源

3.2.1 设置 RAID 磁盘阵列

按照表 3-3 划分 RAID 组，设置磁盘阵列。

表 3-3 RAID 设置要求

服务器主机	硬 盘	服务器主机	硬 盘
HP 490X-1	RAID0，Array A，300GB×2	HP 490X-3	RAID0，Array A，300GB×2 RAID0，Array B，300GB RAID0，Array C，300GB RAID0，Array D，300GB
HP 490X-2	RAID0，Array A，300GB×2 RAID0，Array B，1.2TB RAID0，Array C，1.2TB RAID0，Array D，1.2TB	HP 490X-4	RAID0，Array A，300GB×2 RAID0，Array B，1.2TB RAID0，Array C，1.2TB RAID0，Array D，300GB

下面以服务器 HP 490X-2 为例，讲解设置 RAID 的方法。

（1）开机，进入启动页面，如图 3-2 所示，按 Delete 键或者 Esc 键，打开 BIOS 设置页面，如图 3-3 所示。

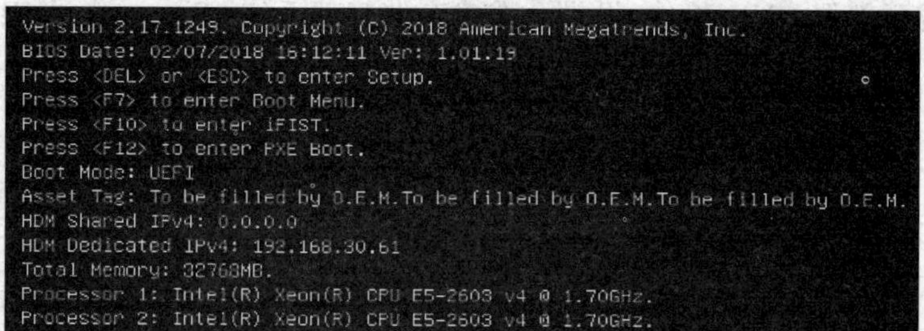

图 3-2 启动页面

（2）按→或者←键，切换至 Advanced 设置页面，如图 3-4 所示。

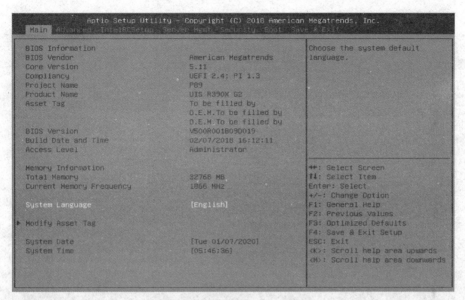

图 3-3　BIOS 设置页面之一

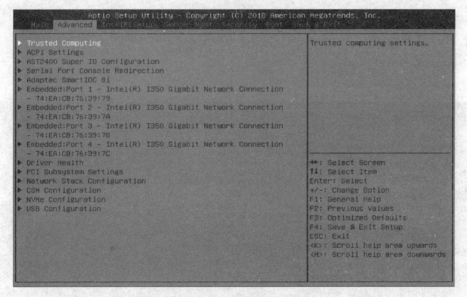

图 3-4　BIOS 设置页面之二

（3）按 ↓ 或者 ↑ 键，定位到 Adaptec SmartIOC 8i，按 Enter 键，进入 RAID 设置页面，如图 3-5 所示。

（4）按 ↓ 或者 ↑ 键，定位到 Array Configuration，按 Enter 键，进入 RAID 组设置页面，如图 3-6 所示。

（5）选择 Select Drives and Create Array，如图 3-7 所示。

打开 Manage Array LD，可以查看当前已经设置的 RAID 组，并进行管理。

（6）选择加入当前 RAID 组的磁盘，如图 3-8 所示。

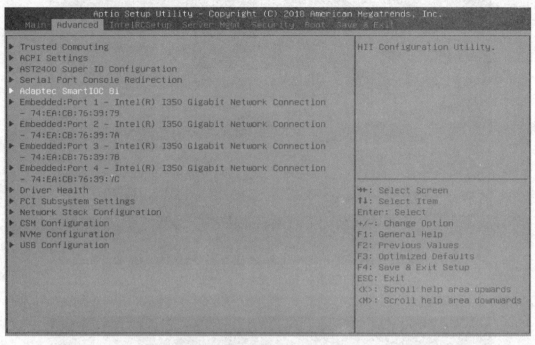

图 3-5　BIOS 设置页面之三

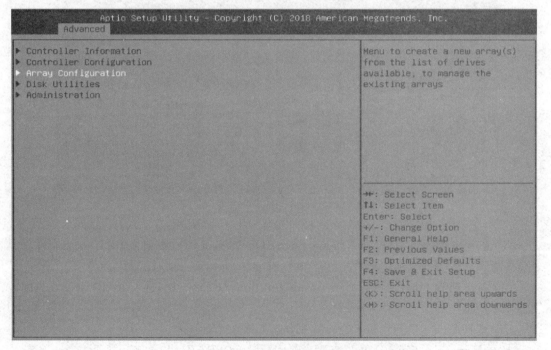

图 3-6　BIOS 设置页面之四

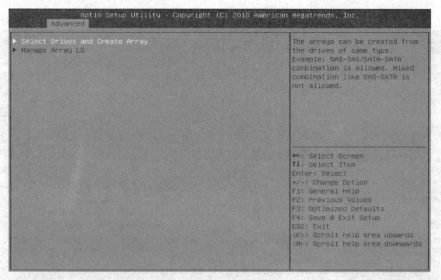

图 3-7　BIOS 设置页面之五

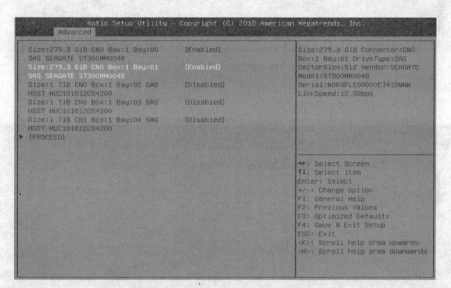

图 3-8　BIOS 设置页面之六

（7）定位到 PROCEED，按 Enter 键，如图 3-9 所示。

（8）选择 RAID LEVEL，并定位到 PROCEED，如图 3-10 所示，按 Enter 键。

（9）选择 SUBMIT，如图 3-11 所示，完成 Array A 的创建。

（10）Array A 创建完成后，按 Esc 键，如图 3-12 所示，切换至 RAID 组设置页面。

重复第（5）步至第（10）步，可完成 Array B、Array C、Array D 的创建，如图 3-13 所示。

（11）定位到 Controller Configuration，如图 3-14 所示，按 Enter 键，进入 RAID 详细信息设置页面。

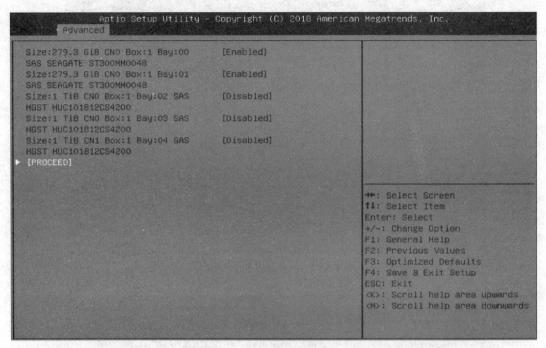

图 3-9　BIOS 设置页面之七

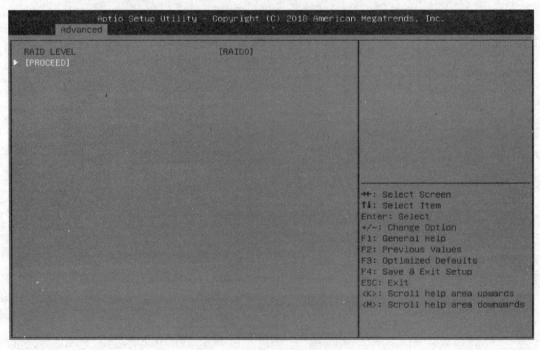

图 3-10　BIOS 设置页面之八

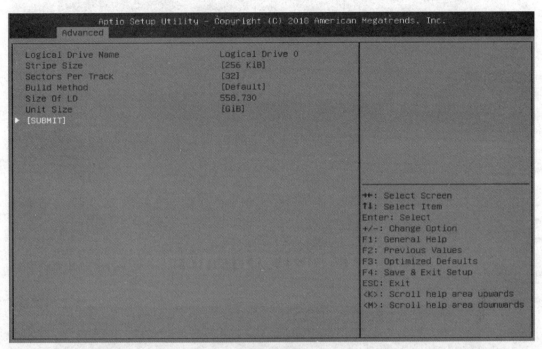

图 3-11 BIOS 设置页面之九

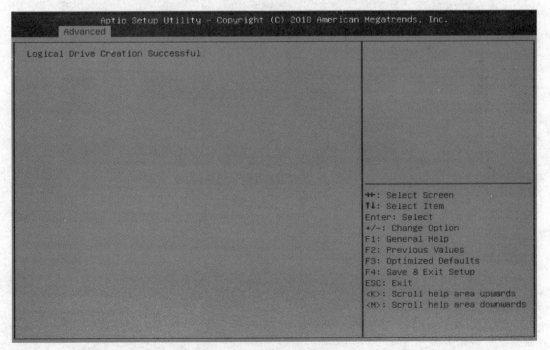

图 3-12 BIOS 设置页面之十

173

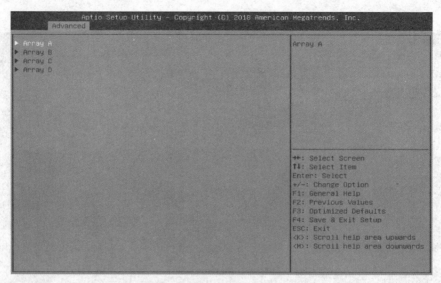

图 3-13　BIOS 设置页面之十一

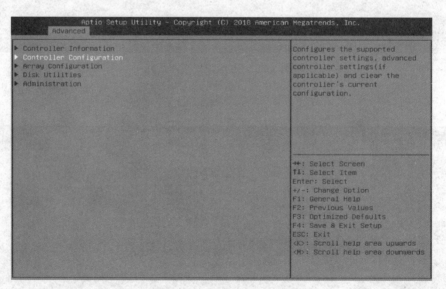

图 3-14　BIOS 设置页面之十二

（12）定位到 Controller Properties，如图 3-15 所示，按 Enter 键，进入控制器属性设置页面。

（13）按需设置优先级级别、是否启用物理磁盘写缓存功能，以及备用激活模式等参数，光标定位到 SUBMIT，如图 3-16 所示，按 Enter 键完成控制器属性设置。

（14）按 Esc 键，如图 3-17 所示，切换至 RAID 设置页面。

（15）光标定位到 Advanced Controller Properties，如图 3-18 所示，按 Enter 键，进入控制器高级设置页面。

（16）按需设置相关参数，将光标定位到 SUBMIT，如图 3-19 所示，按 Enter 键，完成设置。

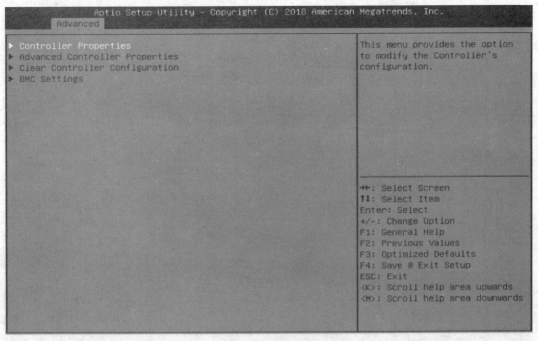

图 3-15　BIOS 设置页面之十三

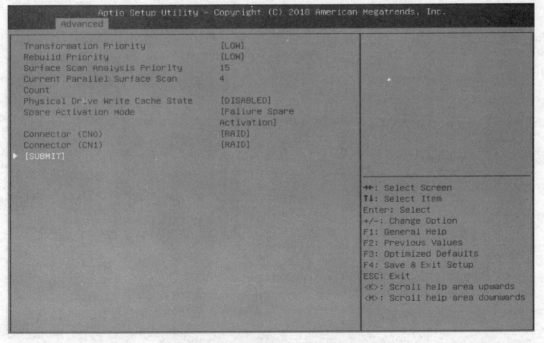

图 3-16　BIOS 设置页面之十四

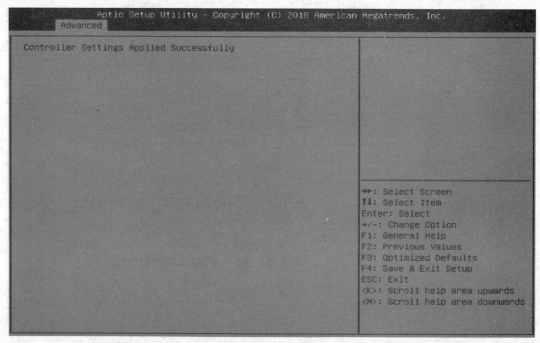

图 3-17　BIOS 设置页面之十五

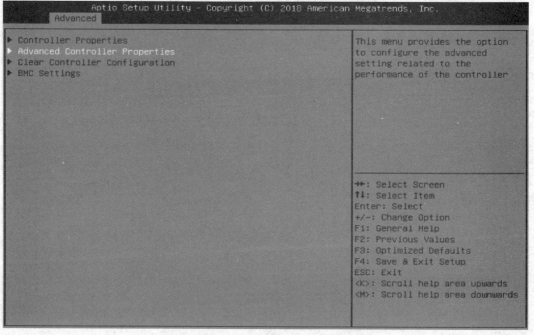

图 3-18　BIOS 设置页面之十六

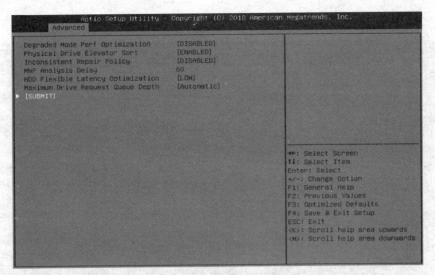

图 3-19　BIOS 设置页面之十七

（17）按 Esc 键，如图 3-20 所示，切换至 RAID 设置页面。

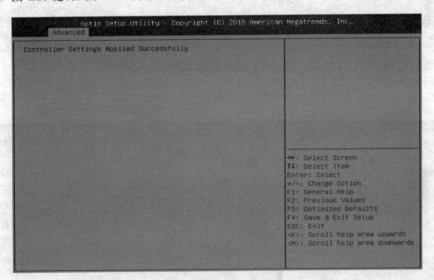

图 3-20　BIOS 设置页面之十八

（18）将光标定位到 Controller Configuration，如图 3-21 所示，按 Enter 键，进入控制器属性设置页面。

（19）将光标定位到 BMC Settings，如图 3-22 所示，按 Enter 键，进入 I2C 地址设置页面。

（20）将光标定位到 SUBMIT，如图 3-23 所示，按 Enter 键，完成设置。

（21）连续按 Esc 键，切换至 BIOS 设置页面，如图 3-24 所示。

（22）按→或者←键，切换至 Save & Exit 页面，如图 3-25 所示。

（23）将光标定位到 Save Changes and Exit，按 Enter 键，保存所有配置并退出，如图 3-26 所示。

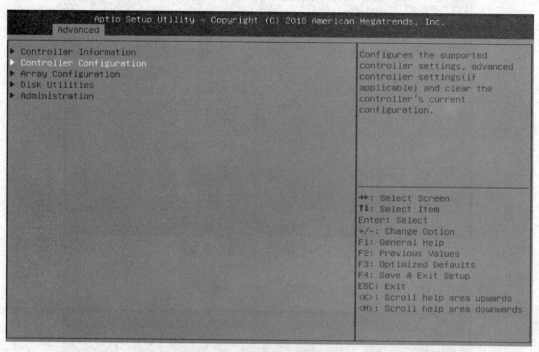

图 3-21　BIOS 设置页面之十九

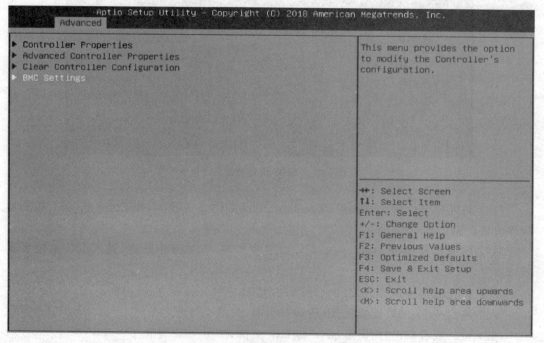

图 3-22　BIOS 设置页面之二十

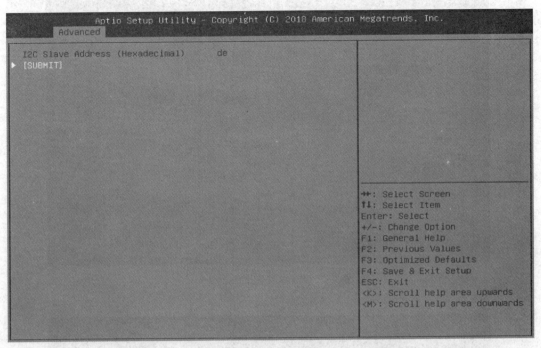

图 3-23 BIOS 设置页面之二十一

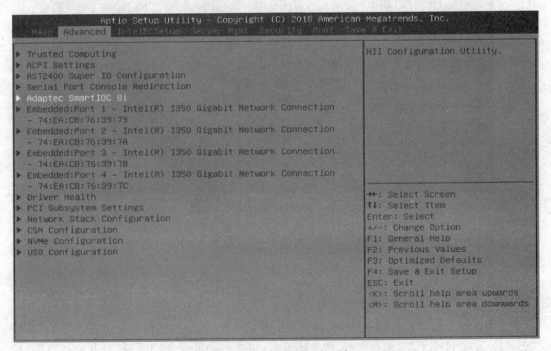

图 3-24 BIOS 设置页面之二十二

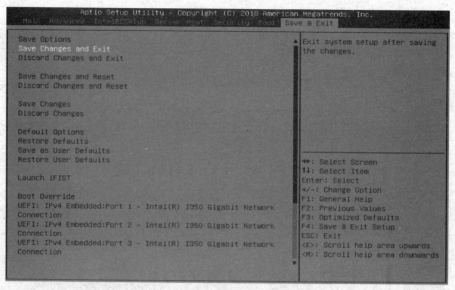

图 3-25　BIOS 设置页面之二十三

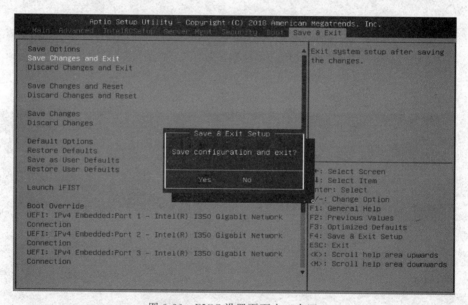

图 3-26　BIOS 设置页面之二十四

参照 3.2.1 小节的操作步骤，完成其他服务器上有关 RAID 的设置，RAID 设置要求参见表 3-3。

3.2.2　安装 CAS 平台

下面以服务器 HP 490X-2 为例，讲解在服务器上安装 CAS 平台的方法。

（1）加载 H3C CAS 光盘镜像，服务器开机，进入启动页面，按 F7 键，打开启动页面，如图 3-27 所示。

（2）选择启动方式为 Virtual CDROM，如图 3-28 所示。

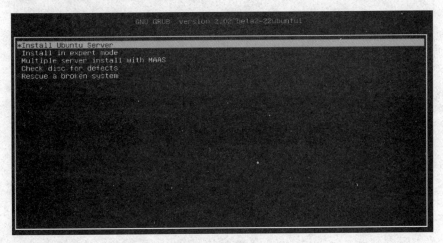

图 3-27　启动页面

```
                    Please Select Boot Device:

UEFI: H3C Virtual CDROMO 1.00
UEFI: IPv4 Embedded:Port 1 - Intel(R) I350 Gigabit Network Connection
UEFI: IPv4 Embedded:Port 2 - Intel(R) I350 Gigabit Network Connection
UEFI: IPv4 Embedded:Port 3 - Intel(R) I350 Gigabit Network Connection
UEFI: IPv4 Embedded:Port 4 - Intel(R) I350 Gigabit Network Connection
UEFI: IPv6 Embedded:Port 1 - Intel(R) I350 Gigabit Network Connection
UEFI: IPv6 Embedded:Port 2 - Intel(R) I350 Gigabit Network Connection
UEFI: IPv6 Embedded:Port 3 - Intel(R) I350 Gigabit Network Connection
UEFI: IPv6 Embedded:Port 4 - Intel(R) I350 Gigabit Network Connection
UEFI: Built-in EFI Shell
Enter Setup

              ↑ and ↓ to move selection
              ENTER to select boot device
              ESC to boot using defaults
```

图 3-28　启动方式

（3）选择安装系统，如图 3-29 所示。

```
              GNU GRUB  version 2.02 beta2-22ubuntu1

*Install Ubuntu Server
 Install in expert mode
 Multiple server install with MAAS
 Check disc for defects
 Rescue a broken system
```

图 3-29　系统引导页面

（4）选择安装组件，此处不需要选择任何组件，默认只安装 CVK 组件，如图 3-30 所示。

（5）按照向导提示，逐步完成 IP 地址、子网掩码、网关、域名服务器、主机名等网络参数，以及 root 密码的设置，如图 3-31 所示。

（6）选择分区的方式，使用向导分区，并使用全部磁盘空间，如图 3-32 所示。

181

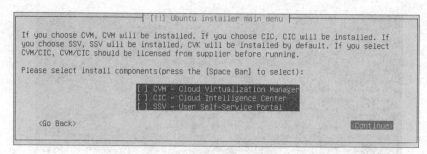

图 3-30 选择安装组件页面

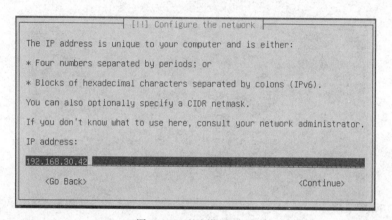

图 3-31 地址设置页面

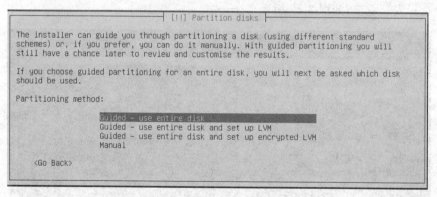

图 3-32 分区方式

（7）选择 CAS 安装的磁盘，选择 sda，如图 3-33 所示。

（8）提示是否确认分区情况，选择 Yes 确认操作，并按 Enter 键继续安装，如图 3-34 所示。

（9）开始安装 CAS，等待一段时间后，即可以完成 CAS 的安装过程，如图 3-35 所示。

参照 3.2.2 小节的操作步骤，完成其他服务器上 CAS 平台的安装，此处不再重复介绍，服务器所需安装组件参见表 3-2。

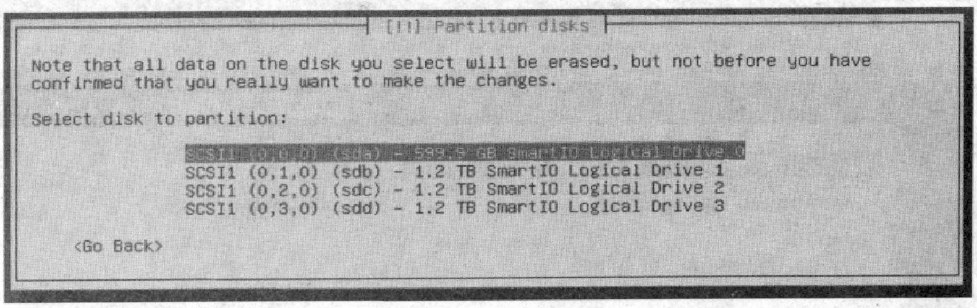

图 3-33 安装位置

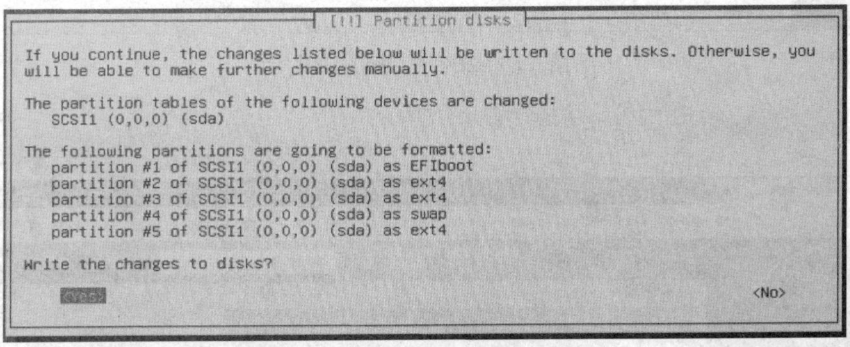

图 3-34 磁盘分区

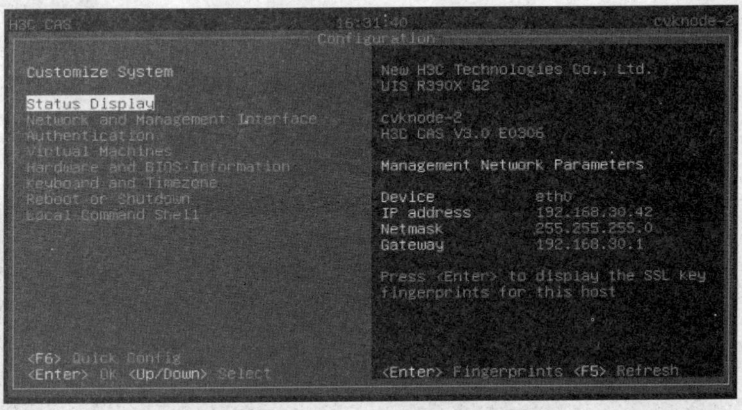

图 3-35 CAS 控制台

3.2.3 部署虚拟机模板

1. 准备工作

建立主机池 hosts、集群、增加主机 cvknode-1,如图 3-36 所示。

2. 建立虚拟机

根据对项目案例的分析,后续章节中需要用到 CentOS 7、Windows 7、Windows Server 2008 三类操作系统。此处需要部署三台虚拟机,分别部署以上三个操作系统。

(1) 建立虚拟机 win2008_r2_64_base、centos7_base、win7_base,分别安装相应的操作

图 3-36　主机池、集群、主机

系统,如图 3-37~图 3-40 所示。

图 3-37　虚拟机部署

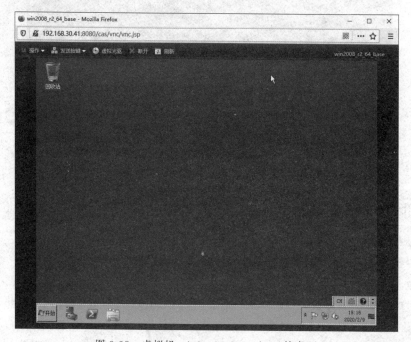

图 3-38　虚拟机 win2008_r2_64_base 的桌面

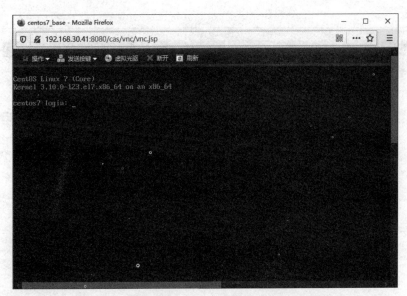

图 3-39　虚拟机 centos7_base 登录页面

图 3-40　虚拟机 win7_base 的桌面

（2）虚拟机安装 CAS tools，并保证 CAS tools 处于运行状态，如图 3-41～图 3-43 所示。

（3）打开虚拟机 win2008_r2_64_base、win7_base 的远程桌面，如图 3-44 所示。

后续 CAS 公有云对外客户可以通过远程桌面、SSH 等方式访问云主机。

默认情况下，CentOS 7 的 SSH 已经打开。

图 3-41　虚拟机 win2008_r2_64_base 的 CAS tools

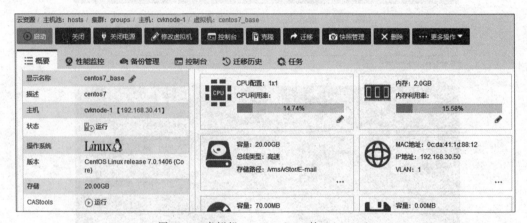

图 3-42　虚拟机 centos7_base 的 CAS tools

图 3-43　虚拟机 win7 的 CAS tools

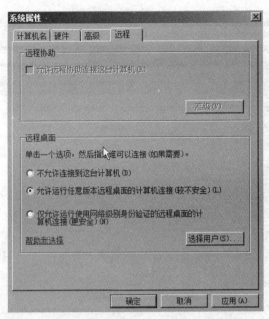

图 3-44　打开远程桌面

（4）将虚拟机 win2008_r2_64_base、centos7_base、win7_base 转换为模板。

关闭虚拟机电源，并卸载软驱和光驱文件，如图 3-45 所示。

图 3-45　关闭虚拟机电源

（5）在虚拟机 win2008_r2_64_base 上右击，在弹出的快捷菜单中选择"转换为模板"命令，如图 3-46 所示。

（6）选择模板存储路径，单击"模板存储"后相应的"搜索"按钮，如图 3-47 所示。

（7）第一次克隆或者转化为模板，需要"增加"模板存储路径，单击"增加"按钮，如图 3-48 所示。

（8）设置目标路径，如图 3-49 所示，单击"确定"按钮。

（9）选中新增加的模板存储路径，如图 3-50 所示，单击"确定"按钮。

（10）确认模板名称、存储路径，如图 3-51 所示，单击"确定"按钮。

（11）在系统提示中单击"确定"按钮，如图 3-52 所示。

图 3-46　虚拟机转换为模板之一

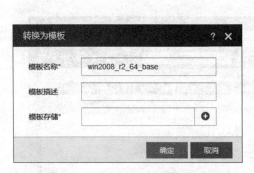

图 3-47　虚拟机转换为模板之二

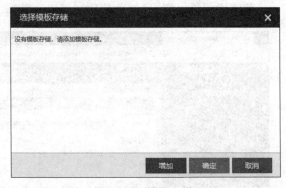

图 3-48　虚拟机转换为模板之三

图 3-49　虚拟机转换为模板之四

图 3-50　虚拟机转换为模板之五

图 3-51 虚拟机转换为模板之六

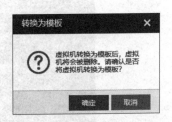

图 3-52 虚拟机转换为模板之七

（12）将虚拟机转换为模板后，可以单击左侧导航菜单"虚拟机模板"，在右侧"虚拟机模板"列表页面可以查看到新增的虚拟机模板，如图 3-53 所示。

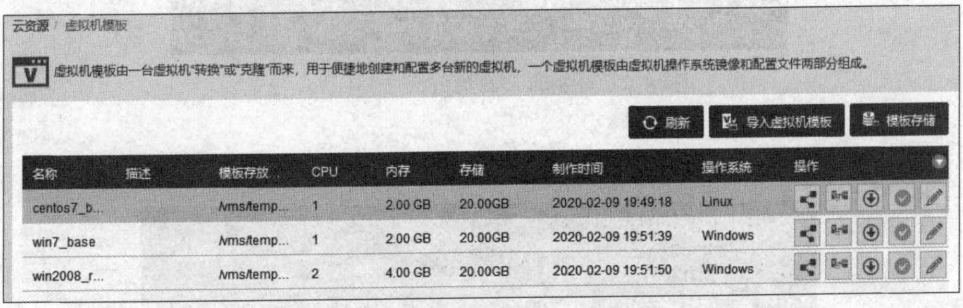

图 3-53 虚拟机转换为模板之八

3.3 部署分布式存储系统 vStor

分布式存储系统 vStor 采用 MPP（massive parallel processing，大规模并行处理系统）架构，由多台部署了 CVK 系统的服务器作为节点，每台服务器通过以太网连接，将所有节点服务器上空闲磁盘（非系统盘）重新组织起来，形成一个大的逻辑存储池。一方面提升了数据中心所有节点服务器上磁盘的利用率，避免磁盘浪费；另一方面将数据分散存储在多台节点服务器上，利用多台服务器分担存储负荷，提高了系统的可靠性、可用性以及可扩展性。

3.3.1 空闲磁盘（非系统磁盘）分区

在服务器 HP 490X-2、HP 490X-3、HP 490X-4 上安装完 CAS 平台后，接下来对空闲磁盘进行分区，每个磁盘对应一个分区，并设置开机自动挂载。

下面以服务器 HP 490X-2 为例，讲解磁盘分区的方法。

（1）使用 SSH 软件，远程登录服务器 HP 490X-2。

执行命令 fdisk -1，可以观察到系统包含四块磁盘，分别是/dev/sda、/dev/sdb、/dev/sdc、/dev/sdd，其中/dev/sda 已经分区，用于存放系统文件，如图 3-54 所示。

（2）完成对磁盘/dev/sdb、/dev/sdc、/dev/sdd 的分区。

执行命令 mkfs.ext4 /dev/sdb、mkfs.ext4 /dev/sdc、mkfs.ext4 /dev/sdd，执行结果如

图 3-54　磁盘分区之一

图 3-55～图 3-57 所示。

图 3-55　磁盘分区之二

图 3-56　磁盘分区之三

```
root@cvknode-2:~# mkfs.ext4 /dev/sdd
mke2fs 1.42 (29-Nov-2011)
/dev/sdd is entire device, not just one partition!
Proceed anyway? (y,n) y
Filesystem label=
OS type: Linux
Block size=4096 (log=2)
Fragment size=4096 (log=2)
Stride=0 blocks, Stripe width=0 blocks
73220096 inodes, 292862976 blocks
14643148 blocks (5.00%) reserved for the super user
First data block=0
Maximum filesystem blocks=4294967296
8938 block groups
32768 blocks per group, 32768 fragments per group
8192 inodes per group
Superblock backups stored on blocks:
        32768, 98304, 163840, 229376, 294912, 819200, 884736, 1605632, 2654208,
        4096000, 7962624, 11239424, 20480000, 23887872, 71663616, 78675968,
        102400000, 214990848

Allocating group tables: done
Writing inode tables: done
Creating journal (32768 blocks): done
Writing superblocks and filesystem accounting information: done
```

图 3-57　磁盘分区之四

（3）创建分布式存储数据盘挂载目录，从 0 开始编号。

执行命令 mkdir -p /opt/mds/disk/0、mkdir -p /opt/mds/disk/1、mkdir -p /opt/mds/disk/2，执行结果如图 3-58 所示。

（4）获取数据盘的 UUID。

执行命令 blkid /dev/sdb，执行结果如图 3-59 所示。

```
root@cvknode-2:~# mkdir -p /opt/mds/disk/0
root@cvknode-2:~# mkdir -p /opt/mds/disk/1
root@cvknode-2:~# mkdir -p /opt/mds/disk/2
```

图 3-58　磁盘分区之五

```
root@cvknode-2:~# blkid /dev/sdb
/dev/sdb: UUID="342090da-4c7c-46b8-9451-77013d9f277e" TYPE="ext4"
root@cvknode-2:~# blkid /dev/sdc
/dev/sdc: UUID="61798fbf-a475-4971-a07d-148db885c7f0" TYPE="ext4"
root@cvknode-2:~# blkid /dev/sdd
/dev/sdd: UUID="692ff6ae-5add-4fbd-afac-29c57499105c" TYPE="ext4"
```

图 3-59　磁盘分区之六

（5）设置开机自动挂载数据盘。

执行命令 vim /etc/fstab，将数据盘 UUID 信息添加到文件中，执行结果如图 3-60 所示。

```
# /etc/fstab: static file system information.
#
# Use 'blkid' to print the universally unique identifier for a
# device; this may be used with UUID= as a more robust way to name devices
# that works even if disks are added and removed. See fstab(5).
#
# <file system> <mount point>   <type>  <options>       <dump>  <pass>
proc            /proc           proc    nodev,noexec,nosuid 0       0
# / was on /dev/sda2 during installation
UUID=b2aaf501-1f84-4411-ad16-0cf9d671bf77 /               ext4    errors=remount-ro 0       1
# /boot/efi was on /dev/sda1 during installation
UUID=F002-152A  /boot/efi       vfat    defaults        0       1
# /var/log was on /dev/sda3 during installation
UUID=b5a7c773-686e-4372-a153-b5ec78967e44 /var/log        ext4    defaults        0       2
# /vms was on /dev/sda5 during installation
UUID=8bcaad03-f0b6-4912-ae0f-810a48b62ca1 /vms            ext4    defaults        0       2
# swap was on /dev/sda4 during installation
UUID=90a28dd0-318b-4cb1-a940-54a49a6717b0 none            swap    sw              0       0
UUID=342090da-4c7c-46b8-9451-77013d9f277e /opt/mds/disk/0 ext4 nobootwait,defaults 0 2
UUID=61798fbf-a475-4971-a07d-148db885c7f0 /opt/mds/disk/1 ext4 nobootwait,defaults 0 2
UUID=692ff6ae-5add-4fbd-afac-29c57499105c /opt/mds/disk/2 ext4 nobootwait,defaults 0 2
```

图 3-60　磁盘分区之七

（6）重启服务器，观察数据盘加载情况。

执行命令 mount | grep /opt/mds/disk，执行结果如图 3-61 所示。

```
root@cvknode-2:~# mount | grep /opt/mds/disk
/dev/sdb on /opt/mds/disk/0 type ext4 (rw)
/dev/sdc on /opt/mds/disk/1 type ext4 (rw)
/dev/sdd on /opt/mds/disk/2 type ext4 (rw)
root@cvknode-2:~#
```

图 3-61　磁盘分区之八

参照上述步骤,在服务器 HP 490X-3、HP 490X-4 上完成对空闲磁盘的分区与挂载操作。

3.3.2　建立集群 vStorgeP 并增加存储节点服务器

在主机池 hosts 下建立集群 vStorgeP,并增加三台存储节点服务器:cvknode-2、cvknode-3、cvknode-4,具体操作步骤如下。

(1) 远程登录到 CVM 管理平台,在左侧导航菜单"云资源"→ hosts 上右击,选择"增加集群"命令,如图 3-62 所示。

图 3-62　增加集群

(2) 输入集群的名称:vStorgeP,如图 3-63 所示,单击"下一步"按钮。

(3) 开启 HA 接入控制,设置最小生效节点数,如图 3-64 所示,单击"下一步"按钮。

图 3-63　输入集群名称

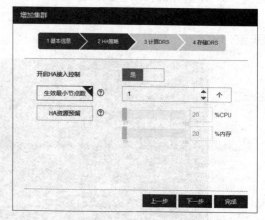

图 3-64　设置 HA 策略

(4) 开启计算资源 DRS,设置计算资源调度监控策略,如图 3-65 所示,单击"下一步"按钮。

(5) 开启存储资源 DRS,设置存储资源调度监控策略,如图 3-66 所示,单击"完成"按钮。

下面在集群中增加主机 cvknode-2、cvknode-3、cvknode-4,具体操作步骤如下。

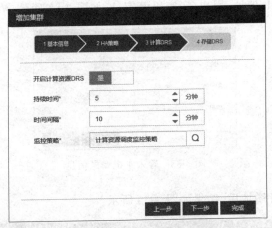

图 3-65 设置计算资源 DRS

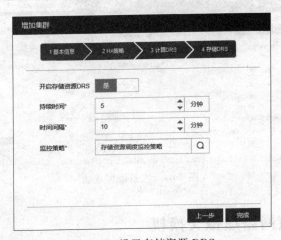

图 3-66 设置存储资源 DRS

（1）远程登录 CVM 管理平台，在左侧导航菜单"云资源"→ hosts→groups 上右击，选择"增加主机"命令，如图 3-67 所示。

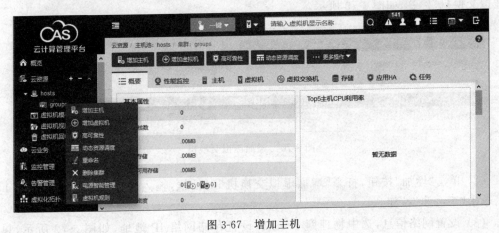

图 3-67 增加主机

193

（2）输入主机的 IP 地址、用户名、密码等信息，如图 3-68 所示，单击"确定"按钮。

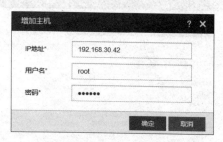

图 3-68　输入主机登录信息

（3）完成三台主机增加后，结果如图 3-69 所示。

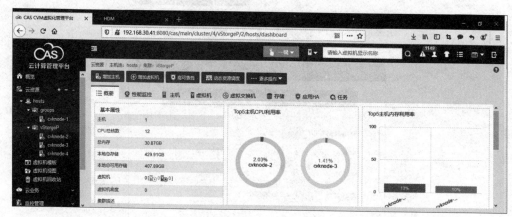

图 3-69　主机添加成功

3.3.3　添加存储网络虚拟交换机

在四台主机上添加虚拟交换机 vswitch-stor，绑定物理网卡 eth1，用作存储网络交换机。

（1）单击左侧导航菜单"云资源"→hosts→groups→cvknode-1，在右侧内容页中单击"虚拟交换机"标签，如图 3-70 所示。

图 3-70　添加虚拟交换机

（2）单击"增加"按钮，打开"增加虚拟交换机"对话框，输入交换机名称，如图 3-71 所示，单击"下一步"按钮。

（3）设置网络信息，选中物理网卡 eth1，设置存储网络 IP 地址，如图 3-72 所示，单击

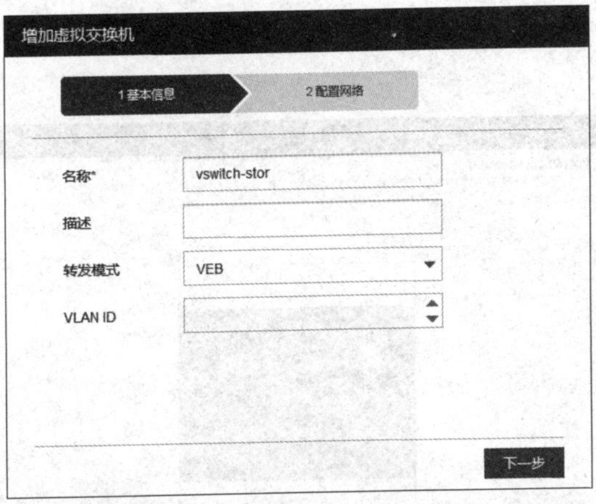

图 3-71　设置虚拟交换机名称

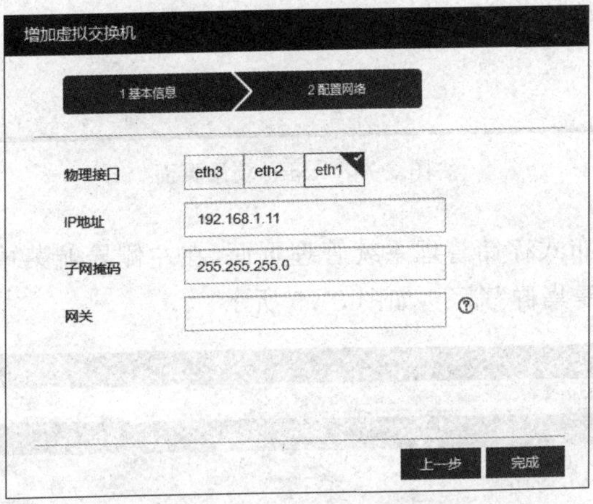

图 3-72　为虚拟交换机绑定网卡

"完成"按钮。

参照上述步骤,给主机 cvknode-2、cvknode-3、cvknode-4 增加虚拟交换机 vswitch-stor,绑定物理网卡 eth1。

3.3.4　vStor 配置

1. 修改授权配置文件

默认情况下配置文件/opt/mds/etc/lich.conf 中的 networks 为管理网网段。按照网络规划,需要将所有存储节点主机上的 networks 修改为存储网络网段地址 192.168.1.0。

执行命令 vi /opt/mds/etc/lich.conf,将 networks 修改为 192.168.1.0。执行结果如图 3-73 所示。

2. 登录 vStor 分布式存储管理系统

默认情况下,vStor 分布式存储管理系统访问地址为 http://cvk 的 IP 地址:9090。

图 3-73　vStor 授权文件

（1）打开火狐浏览器，输入地址 http://192.168.30.41:9090，输入 root 用户名和密码，如图 3-74 所示。

图 3-74　vStor 登录页面

（2）打开 vStor 分布式存储管理系统管理页面，在左侧导航菜单中右击"资源"，在弹出的快捷菜单中选择"新建集群"命令，如图 3-75 所示。

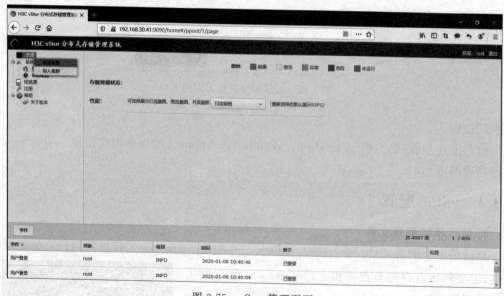

图 3-75　vStor 管理页面

（3）输入集群名称、集群别名，以及 IQN，如图 3-76 所示，单击"确定"按钮。

（4）在左侧导航菜单中单击"资源"→vStor，在右侧窗口单击"节点"→"添加"按钮，如图 3-77 所示。

（5）输入存储节点的 IP 地址、账户 root 的密码，如图 3-78 所示，单击"确定"按钮。

图 3-76 输入 vStor 集群

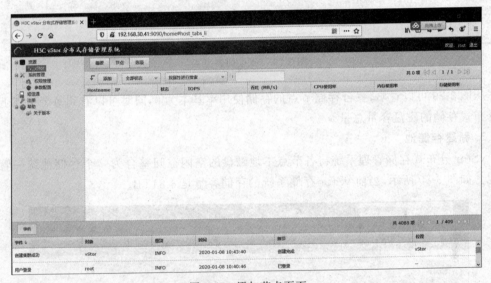

图 3-77 添加节点页面

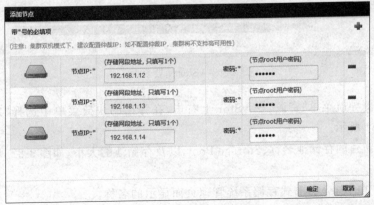

图 3-78 输入节点信息

（6）完成添加存储节点操作，结果如图 3-79 所示。

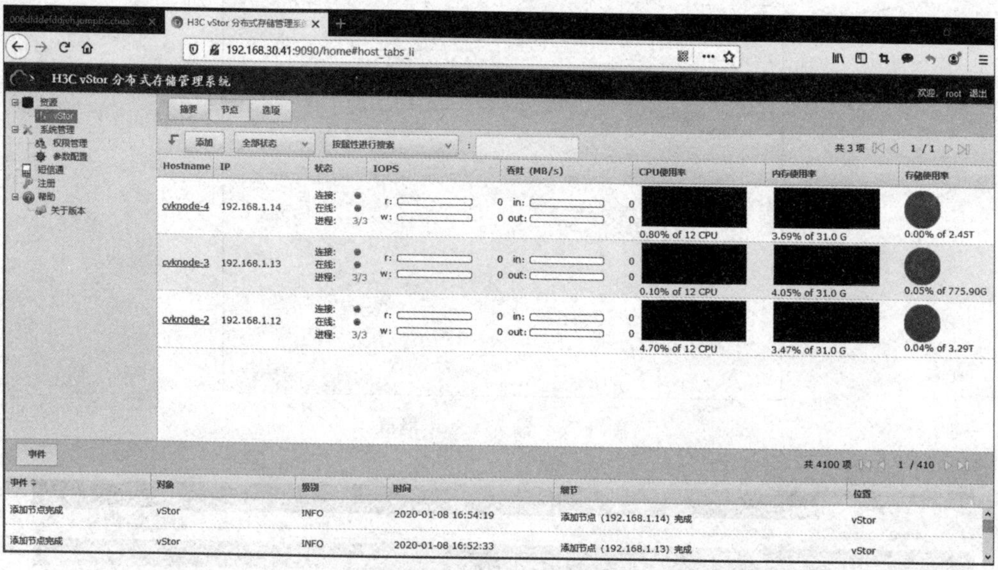

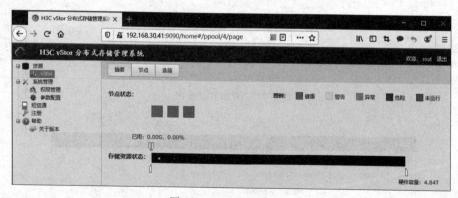

图 3-79　节点列表页面

从图 3-79 可以看出，三台存储节点的存储使用率基本为 0，同时可以看到每个节点上用于分布式存储的磁盘容量总量。

3. 新建存储池

vStor 分布式存储管理系统将各节点本地磁盘的空闲空间整合为一个存储池统一管理分配。如图 3-80 所示，当前 vStor 存储系统的存储容量是 4.84TB。

图 3-80　vStor 摘要页面

（1）在左侧导航菜单"资源"→ vStor 上右击，在弹出的快捷菜单中选择"新建存储池"命令，如图 3-81 所示。

（2）输入新建的存储池名称、Storage Pool，以及存储池的大小，如图 3-82 所示，单击"确定"按钮。

① 名称：在 vStor 分布式存储系统管理页面显示的名称。

② Storage Pool：vStor 底层识别的存储池名称。

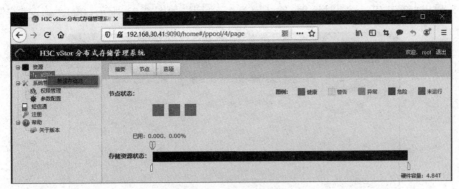

图 3-81　新建存储池

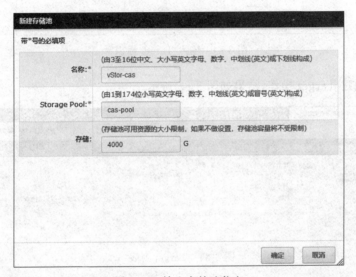

图 3-82　输入存储池信息

③ 存储：分配该存储池的最大存储空间。如果不设置表示不限制大小。

4. 创建 Target

（1）依次展开左侧导航菜单"资源"→vStor→vStor-cas，单击右侧 Target 标签，单击"创建"按钮，如图 3-83 所示。

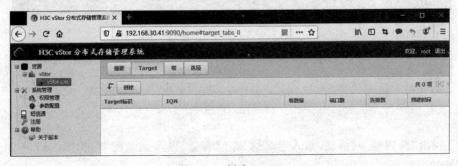

图 3-83　创建 Target

199

（2）弹出"新建 Target"对话框，输入 Target 标识，如图 3-84 所示，单击"确定"按钮。

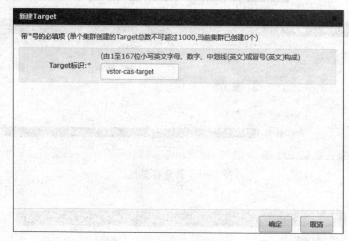

图 3-84　输入 Target 标识

（3）完成创建 Target 操作，结果如图 3-85 所示。

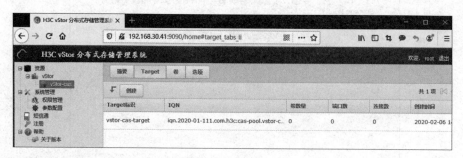

图 3-85　Target 列表

5. 新建卷

（1）依次展开左侧导航菜单"资源"→vStor→vStor-cas，单击右侧"卷"标签，单击"创建"按钮，如图 3-86 所示。

图 3-86　新建卷

（2）弹出"新建卷"对话框，输入卷名称、存储容量，以及磁盘配置，如图 3-87 所示，单击"确定"按钮。

① 厚配置：系统将通过数据填充的方式预占此空间。

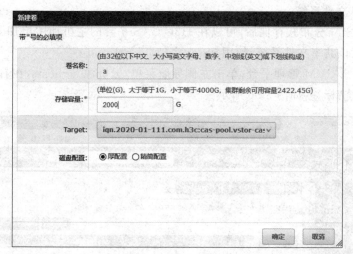

图 3-87　输入卷信息

② 精简配置：分配的卷不会立即占满空间，而是根据业务的需要逐步占用相应的容量。

（3）继续创建卷，选中"我已阅读上述说明"复选框，如图 3-88 所示，单击"确定"按钮。

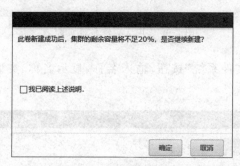

图 3-88　卷提示信息

（4）完成创建卷操作，结果如图 3-89 所示。

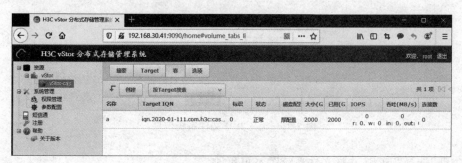

图 3-89　卷列表页面

卷的创建时间较长，状态显示为"正常"表示卷创建完成，如果状态显示为"创建中"，需要等待一段时间后方可使用。

6. 增加共享文件系统

配置完成 vStor 分布式存储后，可以在 H3C CAS 平台的主机池中增加共享文件系统，并在主机上挂载该共享文件系统，使用 vStor 存储。

（1）远程登录 CVM 管理平台，单击左侧导航菜单"云资源"→hosts，在右侧内容页中单击"共享文件系统"标签，如图 3-90 所示。

图 3-90　共享文件系统页面

（2）单击"增加共享文件系统"按钮，输入名称、显示名称、类型，如图 3-91 所示，单击"下一步"按钮。

图 3-91　输入共享文件系统信息

"类型"选择"iSCSI 共享文件系统"，不可更改。

（3）输入 iSCSI 存储的 IP 地址，可以使用 vStor 分布式存储系统中任意节点的 IP 地址，如 192.168.1.12，如图 3-92 所示，不推荐使用 IP 地址 127.0.0.1，如果使用 127.0.0.1 地址，只有 vStor 分布式存储系统中节点主机可以挂载该存储。

在 LUN 一行单击"搜索"按钮，选择挂载的 LUN，如图 3-93 所示，单击"确定"按钮。

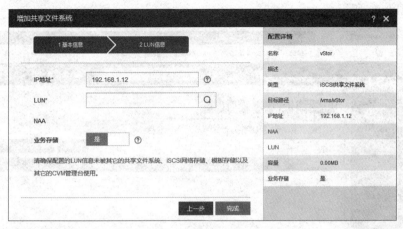

图 3-92　输入 IP 地址

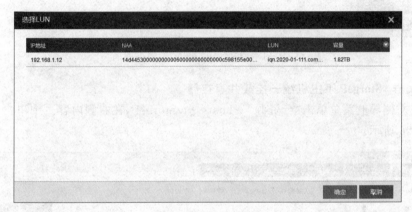

图 3-93　选择 LUN

（4）确认输入的 IP 地址、LUN 信息，如图 3-94 所示，单击"完成"按钮。

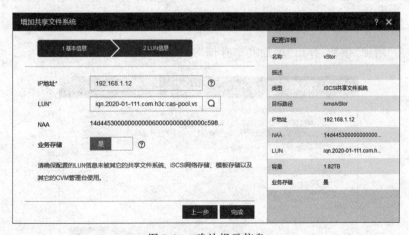

图 3-94　确认提示信息

（5）完成增加共享文件系统的操作后，在"共享文件系统"内容页可以查看到新增的存储信息,如图 3-95 所示。

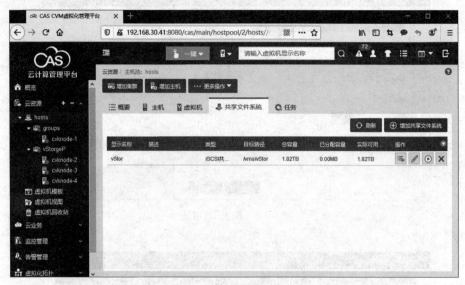

图 3-95 "共享文件系统"列表页面

7. 为集群 vStorgeP 下主机统一挂载共享存储

(1)在左侧导航菜单单击"云资源"→hosts→ vStorgeP,在右侧内容页中单击"存储"标签,如图 3-96 所示。

图 3-96 集群下的存储页面

(2)单击"增加"按钮,弹出"增加共享存储"对话框,如图 3-97 所示。

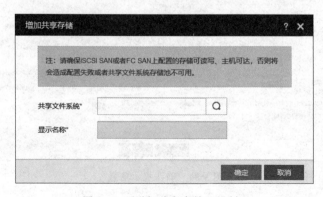

图 3-97 "增加共享存储"对话框

（3）选择共享文件系统：vStor，如图 3-98 所示，单击"选择主机"按钮选择挂载的主机。

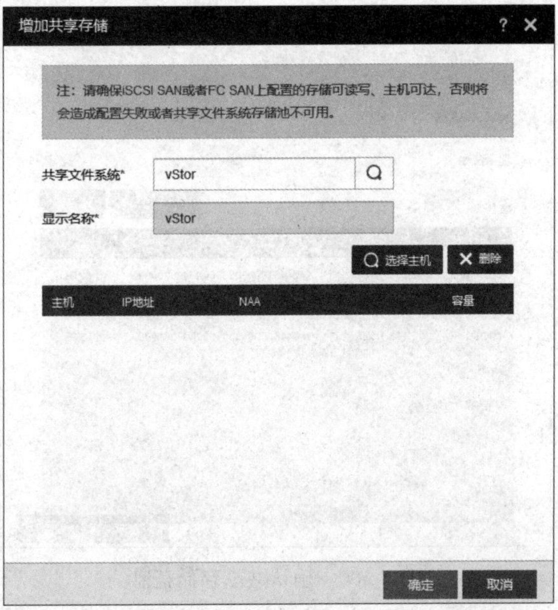

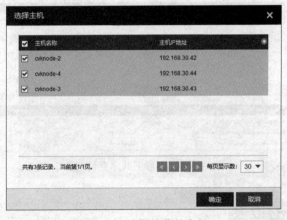

图 3-98　输入集群下的共享文件系统信息

（4）弹出"选择主机"对话框，选中所有的主机，如图 3-99 所示，单击"确定"按钮。

图 3-99　选择挂载的主机

（5）回到"增加共享存储"对话框，确认共享文件系统、主机，单击"确定"按钮，如图 3-100 所示。

（6）增加共享存储操作成功后，可以在"存储"内容页发现新增的共享存储，以及使用该共享存储的主机列表，默认情况下，存储池状态处于"不活动"，如图 3-101 所示。

（7）批量开启存储池。

选中所有主机，单击"批量操作"控制，在下拉菜单中选择"启动选择主机的存储池"命令，如图 3-102 所示。

图 3-100　确认共享存储信息

图 3-101　集群下共享存储列表

图 3-102　启动主机的共享存储

（8）确认启动共享文件系统，单击"确定"按钮，如图 3-103 所示。

（9）共享文件系统第一次被挂载需要被格式化，单击"确定"按钮，格式化该存储，如图 3-104 所示。

（10）设置该存储允许最大访问的节点数，这里保持默认，如图 3-105 所示，单击"确定"按钮。

（11）待存储格式化成功并启动后，确保存储处于"活动"状态，说明该存储池挂载成功并可用，如图 3-106 所示。

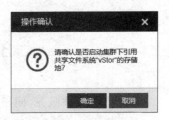

图 3-103　确认启动信息

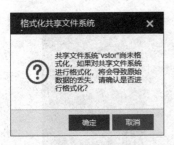

图 3-104　格式化共享存储提示信息

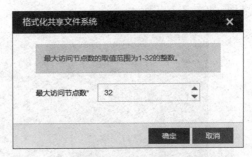

图 3-105　设置共享存储允许最大访问节点数

图 3-106　存储池挂载成功

（12）参照上述方法，为 cvknode-1 挂载共享存储 vStor，如图 3-107 所示。

图 3-107　为 cvknode-1 挂载共享存储 vStor

3.4　部署邮件服务器

部署公司邮件服务,便于公司员工、客户能够及时获取事务审批流程与结果。

下面以 CentOS 7 环境下 postfix、dovecot、cyrus-sasl 为例,讲解邮件系统的部署方法。

1. 新增虚拟机 E-mail

新增虚拟机后,完成操作系统 CentOS 7 的部署,为了测试邮件服务,建议安装 gnome 图形桌面,如图 3-108 所示。

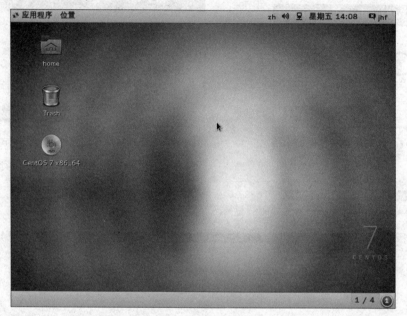

图 3-108　CentOS 7 桌面

2. 配置本地域名解析 mail.jynet.local

(1) 设置主机名为 mail.jynet.local,命令如下。

```
[jhf@localhost ~]$ sudo hostnamectl set-hostname mail.jynet.local
```

(2) 修改/etc/hosts,添加以下记录。

```
192.168.30.50 mail.jynet.local
```

3. 配置本地 YUM 源

(1) 修改虚拟机设置,加载 CentOS 7 镜像文件,如图 3-109 所示。

(2) 将 CD 设备挂载到/mnt 目录下,命令如下。

```
[jhf@localhost ~]$ sudo mount /dev/cdrom /mnt
```

(3) 配置本地 YUM 源文件,首先删除/etc/yum.repos.d/下的所有文件,然后创建 yum.repo 文件,命令如下。

图 3-109　加载光驱

```
[jhf@localhost ~]$cd /etc/yum.repos.d/
[jhf@localhost ~]$sudo rm -rf *
[jhf@localhost ~]$sudo touch yum.repo
```

编辑文件 yum.repo,添加下面的记录。

```
[centos]
name=centos
baseurl=file:///mnt
gpgcheck=0
enabled=1
```

(4) 更新 YUM 源,命令如下。

```
[jhf@localhost ~]$sudo yum clean all
```

4. 安装并配置 postfix

(1) 安装 postfix,命令如下。

```
[jhf@localhost ~]$sudo yum install -y postfix
```

(2) 编辑文件/etc/postfix/main.cf,修改以下配置。

```
myhostname =mail.jynet.local            //设置邮件服务器的主机名
mydomain =mail.jynet.local              //设置邮件域
myorigin =$mydomain                     //设置外发邮件的域
inet_interfaces =all                    //设置监听的网卡
inet_protocols =all                     //设置支持的协议
mydestination =$myhostname, $mydomain   //设置服务的对象
home_mailbox =Maildir/                  //设置邮件存放的目录
```

（3）开启 postfix 服务。

```
[jhf@localhost ~]$ sudo systemctl start postfix
[jhf@localhost ~]$ sudo systemctl enable postfix
```

5. 安装并配置 dovecot

（1）安装 dovecot，命令如下。

```
[jhf@localhost ~]$ sudo yum install -y dovecot
```

（2）编辑文件/etc/dovecot/dovecot.conf，修改如下配置。

```
protocols = imap pop3 lmtp          //设置支持的协议
listen = *, ::                      //设置侦听的地址
ssl = no                            //禁止 SSL
disable_plaintext_auth = no         //允许明文密码验证
mail_location = maildir:~/Maildir   //设置邮件存放格式及位置，与 postfix 设置一致
```

（3）开启 dovecot 服务。

```
[jhf@localhost ~]$ sudo systemctl start dovecot
[jhf@localhost ~]$ sudo systemctl enable dovecot
```

6. 安装并配置 cyrus-sasl

（1）安装 cyrus-sasl，命令如下。

```
[jhf@localhost ~]$ sudo yum install -y cyrus-sasl
```

（2）编辑文件/etc/sasl2/smtpd.conf，文件末添加如下配置。

```
pwcheck_method: saslauthd      //设置密码认证方式为 saslauthd
mech_list: plain login         //设置登录方式
log_level:3                    //修改日志等级为 3
```

（3）编辑文件/etc/sysconfig/saslauthd，修改如下配置。

```
MECH=shadow                    //设置 sasl 验证方式改为用户密码验证
```

（4）开启 cyrus-sasl 服务。

```
[jhf@localhost ~]$ sudo systemctl start saslauthd
[jhf@localhost ~]$ sudo systemctl enable saslauthd
```

7. 建立测试用户

建立测试用户 testa，为 CIC 管理员 admin 建立邮箱账户 cic_admin。

```
[jhf@localhost ~]$ sudo useradd testa
[jhf@localhost ~]$ sudo passwd testa
```

8. 测试邮件收发

配置 Evolution，测试邮件收发，如图 3-110 所示。

9. 配置 CIC 邮件服务器

配置 CIC 邮件服务器，并发送测试邮件。

210

图 3-110　测试邮件

（1）登录 CIC，单击左侧导航菜单"系统管理"→"参数配置"，在右侧内容页中单击"邮件服务器"标签，打开邮件服务器设置页面，如图 3-111 所示。

图 3-111　配置 CIC 邮件服务器页面

（2）输入服务器地址、发件人邮箱地址、发件人姓名后，如图 3-112 所示，单击"邮件测试"按钮。

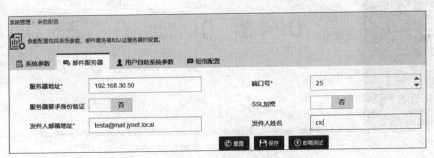

图 3-112　输入邮件服务器信息

211

（3）邮件发送成功后，登录 Evolution，如果收到测试邮件，则说明 CIC 邮件服务器配置成功，如图 3-113 所示。

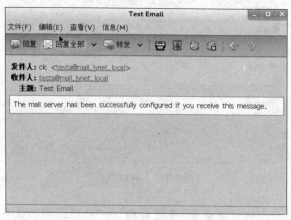

图 3-113　测试 CIC 邮件

3.5　增加云资源

云资源是 CAS 云业务软件分层管理模型的核心节点之一。通过对云资源进行管理，可以统一管理数据中心内所有复杂的硬件基础设施，其中不仅包括基本的 IT 基础设施（如硬件服务器系统），还包括与之配套的其他设备（如网络和存储系统）。CAS 云业务支持对 CVM 资源和 vCenter 资源的管理。

下面以 CVM 资源为例，讲解 CAS 云资源的操作方法。

（1）登录 CIC 平台。打开 Firefox 浏览器，在地址栏中输入服务器地址：http:// 192.168.30.41:8080/cic（或者 https://192.168.30.41:8843/cic），输入默认管理员用户名、密码，打开 CIC 管理页面，如图 3-114 所示。

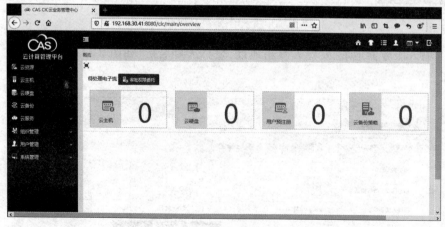

图 3-114　CIC 管理页面

（2）单击左侧导航菜单"云资源"，在右侧"云资源"列表页面中单击"增加 CVM 资源"按钮，如图 3-115 所示。

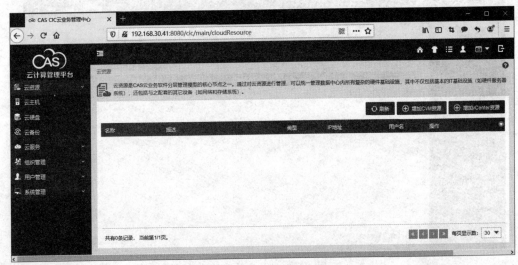

图 3-115　CIC"云资源"列表页面

（3）弹出"增加 CVM 资源"对话框，输入云资源名称、IP 地址，以及 CVM 管理员用户名、密码等信息，如图 3-116 所示，单击"确定"按钮。

图 3-116　输入 CVM 资源信息

（4）增加 CVM 资源成功后，可以在"云资源"列表页面查看到新增的 CVM 资源，如图 3-117 所示。

（5）单击"云资源"列表页面相应 CVM 资源的编辑、删除、查看、登录、授权按钮，可完成相应的管理操作。

图 3-117 "云资源"列表

3.6 组 织 管 理

组织是由虚拟化资源池构成的基于物理平台的虚拟数据中心。一个组织包括虚拟化后的各种逻辑资源,如用户、虚拟机、虚拟机模板、组织管理员和组织管理策略等。组织既可以是企业私有云内部的一个业务部门,也可以是公有云的外部客户。

3.6.1 增加组织

根据对项目案例的分析,可以为技术部、市场部以及公有云的外部客户,分别建立名称为 MDO、TDO、PCO 的组织。具体操作步骤如下。

(1) 登录 CIC,单击左侧导航菜单"组织管理",在右侧"组织管理"列表页面单击"增加组织"按钮,如图 3-118 所示。

(2) 弹出"增加组织"对话框,输入组织名称、显示名称前缀,选择云资源,如图 3-119 所示,单击"下一步"按钮。

① 显示名称前缀:组织内创建虚拟机的显示名称前缀,最大输入长度为 50 个字符。

② 允许修改配置:部署虚拟机时,是否允许修改虚拟机配置,默认值为不允许。

③ 云资源:为组织内虚拟机提供所需的计算、存储、网络的云资源。

(3) 选择该组织的管理员账户,这里保持默认,如图 3-120 所示,单击"下一步"按钮。

(4) 设置该组织可以使用资源的配额,包括虚拟机个数、CPU 核数、内存数量、存储数量等参数,如图 3-121 所示。

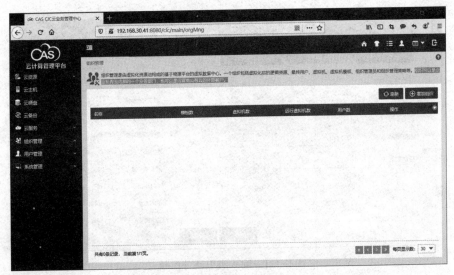

图 3-118　"组织管理"列表页面

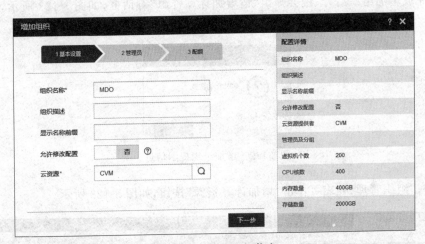

图 3-119　输入组织信息

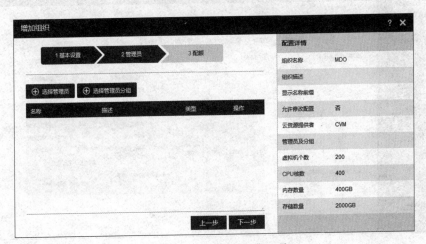

图 3-120　选择组织的管理员

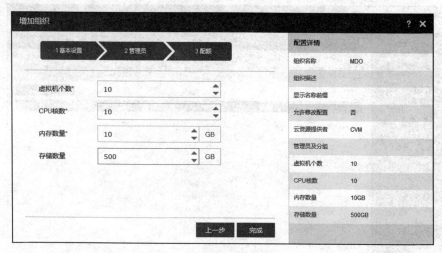

图 3-121　输入组织硬件配额

（5）完成增加组织后，系统会弹出"请增加计算资源"对话框，如图 3-122 所示，单击"确定"按钮。

图 3-122　增加组织提示信息

（6）在"组织管理"列表页单击"增加计算资源"按钮，如图 3-123 所示。

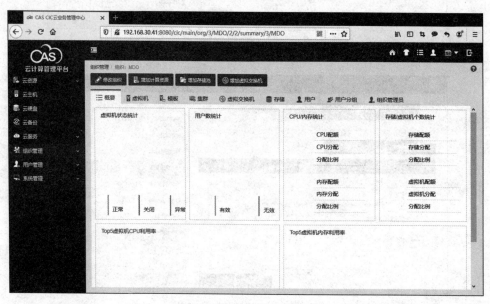

图 3-123　"组织管理"页面

（7）选择主机池 hosts、集群 vStorgeP，如图 3-124 所示，单击"下一步"按钮。

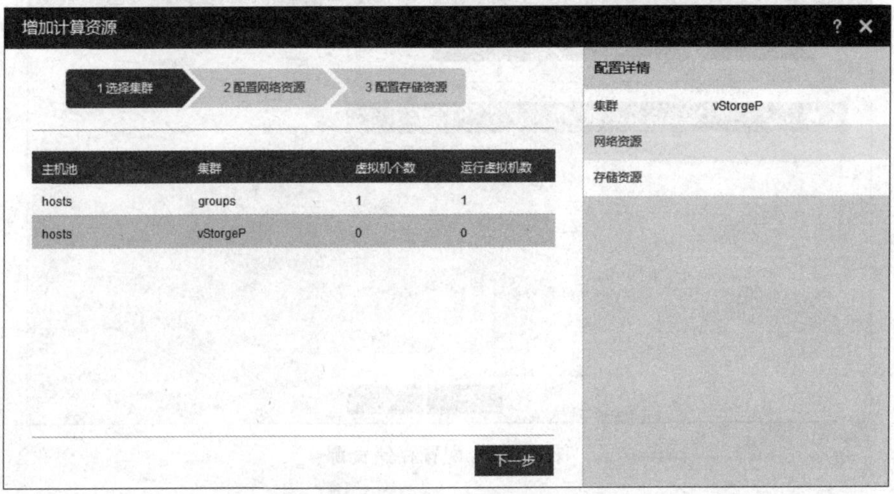

图 3-124　选择集群

（8）选择虚拟交换机 vswitch0，如图 3-125 所示，单击"下一步"按钮。

图 3-125　配置网络资源

（9）选中存储资源 vStor，如图 3-126 所示，单击"完成"按钮。

（10）参照上述操作步骤，完成市场部组织 TDO、公有云的外部客户组织 PCO 的增加操作。增加组织成功后，可以在右侧"组织管理"列表页面查看到新增的组织，如图 3-127 所示。

3.6.2　修改组织

组织增加成功后，在右侧"组织管理"列表页面单击 ✐ 按钮，可完成对组织的修改操作。

（1）登录 CIC，单击左侧导航菜单"组织管理"，在右侧"组织管理"列表页面中单击修改组织的对应按钮 ✐，如图 3-128 所示。

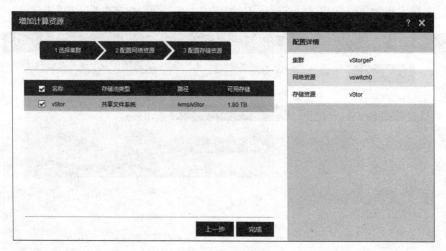

图 3-126　配置存储资源

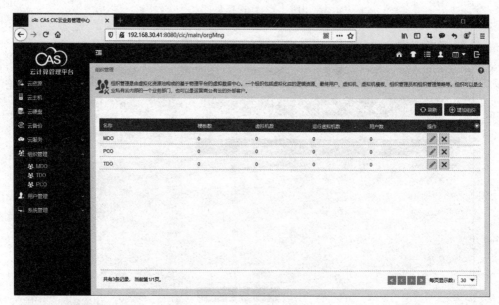

图 3-127　"组织管理"列表页面

图 3-128　单击"修改"按钮

（2）输入要修改的项，如"显示名称前缀"，如图 3-129 所示，单击"确定"按钮。

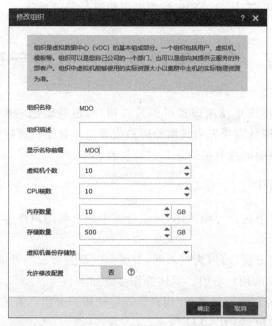

图 3-129　修改具体的项

　　虚拟机备份存储池：是组织下用户虚拟机备份的路径。

　　（3）查看/修改组织的详细信息。单击左侧导航菜单"组织管理"→MDO，在右侧内容页中显示该组织的概要信息，如图 3-130 所示。

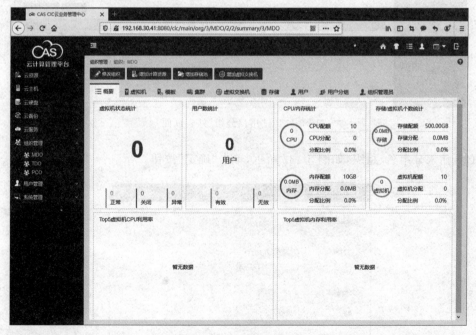

图 3-130　组织的概要信息

　　单击该页面上相应按钮，可以增加组织的计算、存储、网络等资源，以及对组织下虚拟机、虚拟机模板、集群、用户、用户组和组织管理员等进行管理操作。

3.7 CIC 用户及用户分组管理

在 CIC 中,用户是组织中使用虚拟机的最终用户,也是组织的重要组成部分。一个组织创建完成后,组织管理员需要先为其增加用户或者用户分组。通过组织对应的用户列表,组织管理员可以对组织中的所有最终用户进行管理。

3.7.1 用户组管理

当一个虚拟机分配给用户分组使用后,该分组中的全部用户都可以使用该虚拟机。

1. 增加用户分组

根据对项目案例的分析,可以为技术部、市场部以及公有云的外部客户分别建立名称为 MDUG、TDUG、PCUG 的用户分组。具体操作步骤如下。

(1) 登录 CIC,单击左侧导航菜单"用户管理"→"用户分组",在右侧"用户分组"列表页面中单击"增加分组"按钮,如图 3-131 所示。

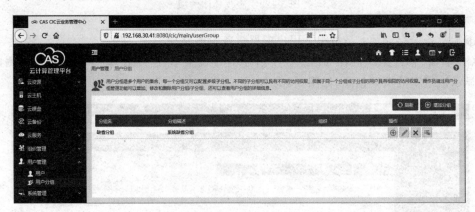

图 3-131 "用户分组"列表页面

(2) 输入分组名、组织,如图 3-132 所示,单击"确定"按钮。

图 3-132 输入分组名

（3）参照上述步骤，完成增加用户分组 TDUG、PCUG 的操作，如图 3-133 所示。

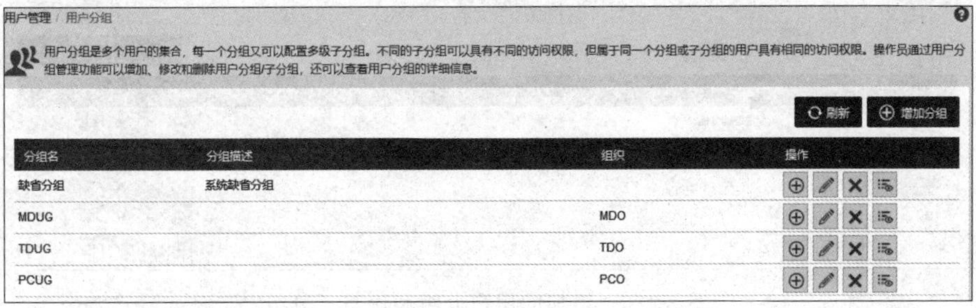

图 3-133 增加用户分组

2. 增加用户子分组

用户分组是多个用户的集合，每一个分组又可以配置多级子分组。不同的子分组可以具有不同的访问权限，但属于同一个分组或子分组的用户具有相同的访问权限。

（1）登录 CIC，单击左侧导航菜单"用户管理"→"用户分组"，在右侧"用户分组"列表页面中单击用户分组相应的 ⊕ 按钮，增加用户子分组，如图 3-134 所示。

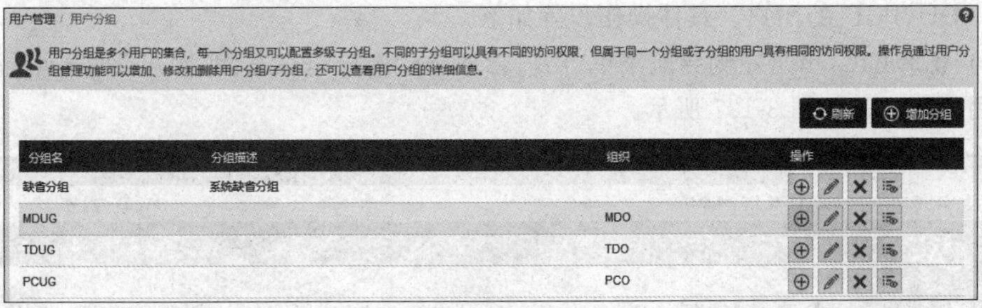

图 3-134 "用户分组"列表页面

（2）输入子分组名称，如图 3-135 所示，单击"确定"按钮。

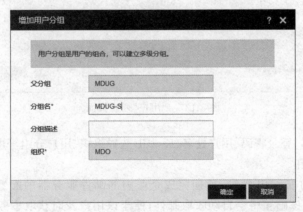

图 3-135 输入子分组名

（3）子分组增加成功后，可以在"用户分组"列表页查看到新增的用户分组和用户子分组，如图 3-136 所示。

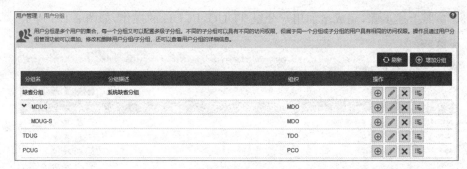

图 3-136　增加的用户分组和用户子分组

3.7.2　用户管理

CIC 中的用户是由操作员在 CIC 中创建的,用户可以通过登录 CAS 用户自助服务门户申请并管理自己的虚拟机资源。

1. 增加用户

根据对项目案例的分析,可以为技术部、市场部以及公有云的外部客户分别建立名称为 MDU、TDU、PCU 的用户。具体操作步骤如下。

(1) 登录 CIC,单击左侧导航菜单"用户管理"→"用户",在右侧"用户"列表页面中单击"增加用户"按钮,如图 3-137 所示。

图 3-137　"用户"列表页面

(2) 输入登录名、登录密码、用户姓名、E-mail,选择组织、用户分组等用户信息,如图 3-138 所示,单击"确定"按钮。

E-mail:用户的 E-mail 邮箱,前期完成企业内部邮件服务器的配置,并在完成 CIC 邮件服务器的设置后,该邮箱将会自动收取邮件,便于该用户及时获取事务审批流程与结果。

(3) 按照上述步骤,完成增加用户 TDU、PCU 的操作,用户增加成功后,可以在右侧"用户"列表页查看新增的用户,如图 3-139 所示。

2. 导入用户

导入用户适合批量增加用户的场景。

图 3-138　输入用户信息

图 3-139　新增的用户

（1）登录 CIC，单击左侧导航菜单"用户管理"→"用户"，在右侧"用户"列表页面中单击
"导入用户"按钮，如图 3-140 所示。

图 3-140　导入用户

（2）弹出"导入用户"对话框，第一次导入用户，需要下载模板文件，单击"模板文件"下
载用户模板压缩包，如图 3-141 所示。

223

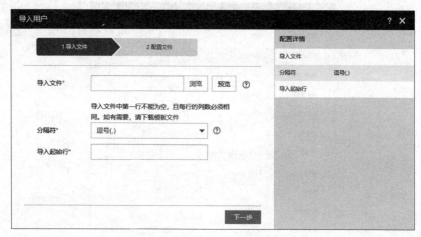

图 3-141　导入文件

（3）用户模板压缩包下载成功后，解压该文件，得到两个文件 userTemplate.csv、userTemplate.txt，两个文件都是模板文件，打开 userTemplate.csv，如图 3-142 所示。

登录名	登录密码	用户姓名	E-mail	用户分组
user	psw	user	user@h3c.	user
user2	psw2	user2	user2@h3c	user

图 3-142　模板文件

（4）编辑模板文件 userTemplate.csv 并保存，如图 3-143 所示。

登录名	登录密码	用户姓名	E-mail	用户分组
mdu001	123	mdu001	mdu001@mail.jynet.local	MDUG
mdu002	123	mdu002	mdu002@mail.jynet.local	MDUG
mdu003	123	mdu003	mdu003@mail.jynet.local	MDUG

图 3-143　编辑模板文件

（5）切换到"导入用户"对话框，单击"浏览"按钮，打开新编辑的模板文件 userTemplate.csv，如图 3-144 所示，单击"下一步"按钮。

图 3-144　导入文件信息

224

（6）选择用户所属的组织，对照模板文件选择登录名、登录密码、用户姓名、E-mail、用户分组等数据列，如图 3-145 所示，单击"完成"按钮。

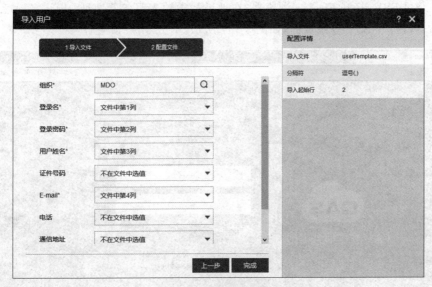

图 3-145　模板配置文件

模板文件中没有定义证件号码、电话、通信地址等信息，此处均选择"不在文件中选值"。

（7）模板文件导入成功后，可以在右侧"用户"列表页查看到新增的用户，如图 3-146 所示。

图 3-146　"用户"列表页

3.8　用户预注册电子流

CAS 可用于公有云对外客户提供云服务，公有云对外客户可登录 SSV（CAS 用户自主服务门户）预注册用户、申请云主机、查看事件处理流程，以及登录云主机。

3.8.1 用户预注册

（1）登录 SSV，打开 Firefox 浏览器，在地址栏中输入服务器地址：http://192.168.30.41:8080/ssv，打开 SSV 登录页面，如图 3-147 所示，单击"用户预注册"。

图 3-147　SSV 登录页面

（2）弹出"用户预注册"对话框，输入登录名、登录密码、E-mail 等用户信息，如图 3-148 所示，单击"下一步"按钮。

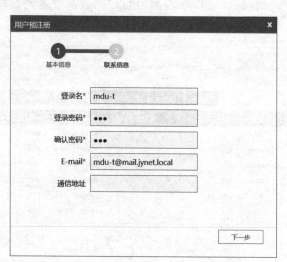

图 3-148　输入注册用户基本信息

（3）输入姓名，按需输入证件号码、联系电话，如图 3-149 所示，单击"申请"按钮。

（4）用户预注册成功后，SSV 登录首页右下角会弹出对话框，如图 3-150 所示，提示申请成功。

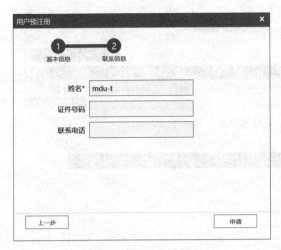

图 3-149 输入注册用户姓名等

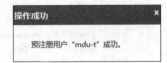

图 3-150 注册成功

3.8.2 用户审批

用户预注册成功后,CIC 管理员可以审批该用户是否通过。

(1) 登录 CIC,单击左侧导航菜单"云服务"→"用户预注册电子流",在右侧"用户预注册电子流"列表页面中可以查看到待审核的用户电子流,如图 3-151 所示。

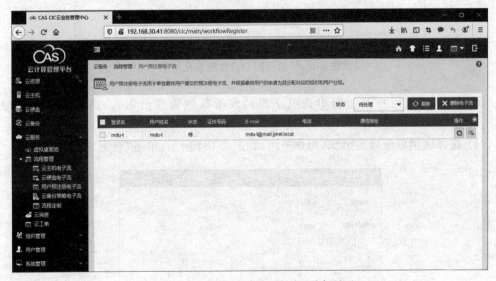

图 3-151 "用户预注册电子流"列表页面

(2) 单击预审核电子流相应的 按钮,处理用户预注册电子流,如图 3-152 所示。

(3) 选择审批结果,输入处理意见,如图 3-153 所示,单击"确定"按钮。

审批结果包括通过、驳回、转签三种方式。

① 通过:表示审批通过用户的预注册申请。

② 驳回:表示用户预注册申请被驳回,没有通过。

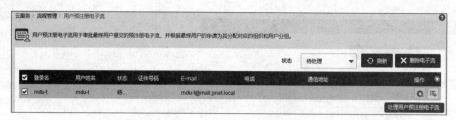

图 3-152　审批用户预注册电子流

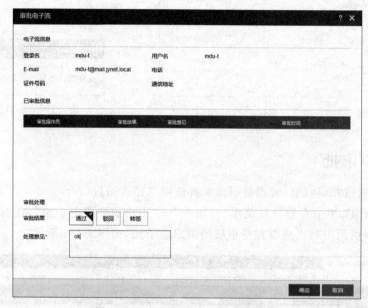

图 3-153　选择用户预注册审批结果

③ 转签：将该用户预注册申请电子流转发给其他管理员审批，适用分级审批应用场景。

（4）选择该用户所属的组织、用户分组，如图 3-154 所示，单击"确定"按钮。

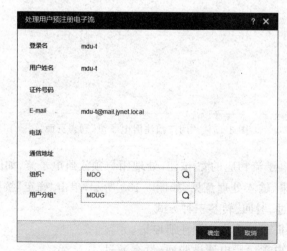

图 3-154　设置预注册用户组织信息

（5）用户审核通过后，可以在"用户"列表页面查看到新注册的用户，如图 3-155 所示。

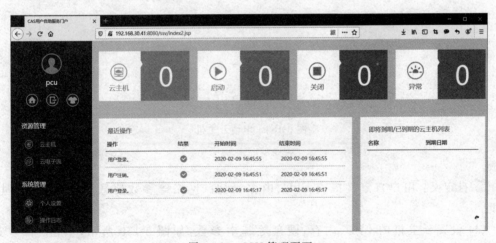

图 3-155　"用户"列表页面

3.9　用户申请云主机

CAS 对外客户注册用户成功后，可以通过两种方式获取云主机：用户登录 SSV，主动申请云主机；由 CIC 管理员定义虚拟桌面，直接分配云主机给用户。

下面以公司客户 pcu 为例，讲解申请/审批云主机的方法。

3.9.1　申请云主机

（1）登录 SSV，输入登录用户名 pcu 及密码，单击"登录"按钮，打开 SSV 管理页面，如图 3-156 所示。

图 3-156　SSV 管理页面

（2）单击左侧导航菜单"云主机"，单击右侧"＋申请"按钮，如图 3-157 所示。

（3）弹出"申请云主机"对话框，单击"自定义"按钮，选择操作系统类型、版本，如图 3-158 所示，单击"下一步"按钮。

云主机的选择模板包括预定义和自定义两种方式。

① 预定义：CIC 管理员部署虚拟机模板，并且已经发布，方可在预定义中选择相应的

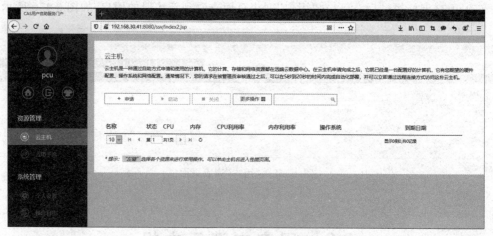

图 3-157　SSV"云主机"列表页面

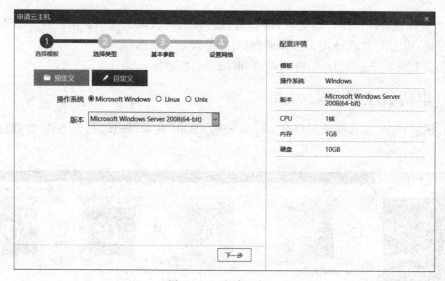

图 3-158　申请云主机

模板。

② 自定义：用户自定义提交 CPU、内存、硬盘、网络等参数信息，等待 CIC 管理员审批。

（4）设置云主机的 CPU、内存、硬盘等基本参数，如图 3-159 所示，单击"下一步"按钮。

（5）输入云主机名称、申请理由，按需设置云主机描述、到期日期，如图 3-160 所示，单击"下一步"按钮。

① 云主机名称：云主机的标识，前期增加组织的时候设置了组织 PCO 中虚拟机前缀必须是 PCO，此处云主机名称的前缀必须是 PCO，否则会报错。

② 申请理由：提交申请云主机的理由，便于 CIC 管理员审批。

③ 到期日期：设置云主机的有效期，云主机到期后，需要提交"延期"申请，并由 CIC 审

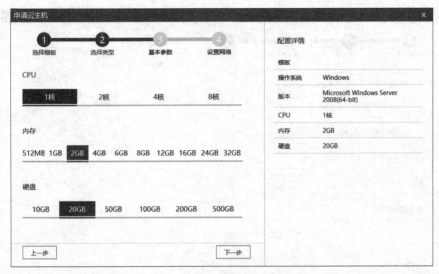

图 3-159 云主机硬件参数

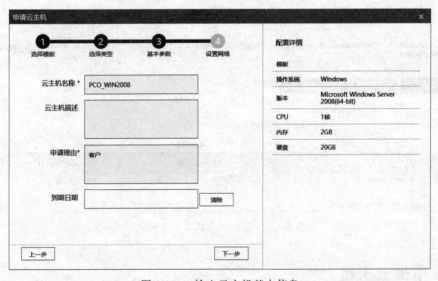

图 3-160 输入云主机基本信息

批通过,该云主机方可继续使用。

(6) 设置云主机的 IP 地址获取方式,如图 3-161 所示,单击"申请"按钮。

IP 地址分配包括 DHCP、静态两种方式。选择 DHCP 方式的前提是当前环境下配置了 DHCP 服务器,选择静态设置的提前是后续 CIC 管理员审批该云主机的时候所选择虚拟机模板已经部署好了 CAS tools 工具包。

(7) 云主机申请提交成功后,可以打开左侧导航菜单"云电子流",了解云主机审批过程,如图 3-162 所示。

该云主机处于"待审批"状态,当前不可用。

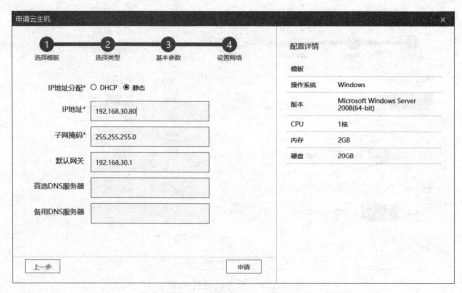

图 3-161　设置云主机网络信息

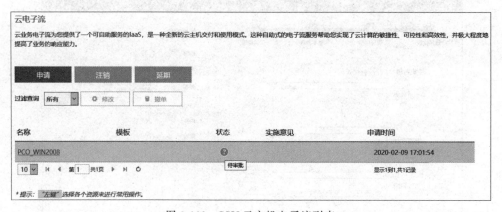

图 3-162　SSV 云主机电子流列表

3.9.2　审批云主机

（1）登录 CIC，在右侧概览窗口中可以看到有一项待处理电子流，如图 3-163 所示，单击该电子流。

（2）打开"云主机电子流"列表页面，如图 3-164 所示，单击待处理云主机电子流后面的按钮 ⚙。

（3）选择审批结果，输入处理意见，如图 3-165 所示，单击"确定"按钮。

（4）弹出"部署虚拟机"对话框，输入实施意见，打开"通过模板部署"，打开"快速部署"，如图 3-166 所示。

（5）单击"虚拟机模板"后的"搜索"按钮，弹出"选择虚拟机模板"对话框，如图 3-167 所示。

图 3-163 CIC 管理页面

图 3-164 "云主机电子流"列表页面

图 3-165 选择电子流审批结果

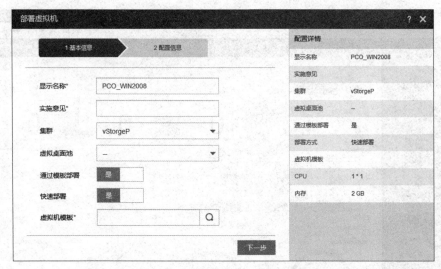

图 3-166　部署虚拟机基本信息

图 3-167　"选择虚拟机模板"对话框

当前环境下部署了 CentOS 7、Windows Server 2008、Windows 7 三类操作系统的模板,但未发布前,此处是不可见的。

(6) 单击"发布模板"按钮,弹出"选择虚拟机模板"对话框,选中要发布的虚拟机模板,如图 3-168 所示,单击"确定"按钮。

(7) 选中模板,单击"确定"按钮。回到"部署虚拟机"对话框,输入实施意见,如图 3-169 所示,单击"下一步"按钮。

(8) 按需设置到期日期、网络策略模板、目的存储池,如图 3-170 所示,单击"完成"按钮。

(9) 云主机审批通过后,单击左侧导航菜单"云主机",在右侧"云主机"列表页面中可以查看到新增的云主机,如图 3-171 所示。

图 3-168　发布虚拟机模板

图 3-169　确认虚拟机基本信息

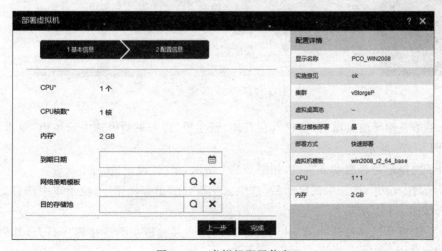

图 3-170　虚拟机配置信息

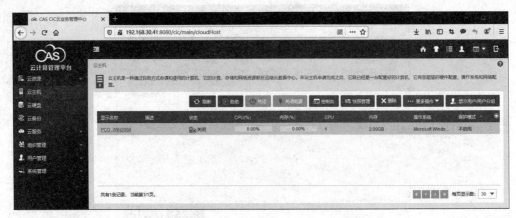

图 3-171 "云主机"列表页面

3.9.3 管理云主机

云主机审批通过后,用户可以登录 SSV,管理该云主机。

1. 登录云主机

(1) 登录 SSV,输入用户名 pcu,打开云主机管理页面,如图 3-172 所示。

图 3-172 SSV 管理页面

(2) 单击左侧导航菜单"云主机",在右侧"云主机"列表页面中选中云主机,单击"启动"按钮,如图 3-173 所示。

(3) 系统提示是否启动云主机,如图 3-174 所示,单击"确定"按钮。

(4) 稍等一会儿,待云主机启动后,选中云主机,在"更多操作"下拉菜单中选择"远程桌面"命令,如图 3-175 所示。

(5) 系统提示选择打开 desk.rdp 的方式,选择通过远程桌面连接程序打开,如图 3-176 所示,单击"确定"按钮。

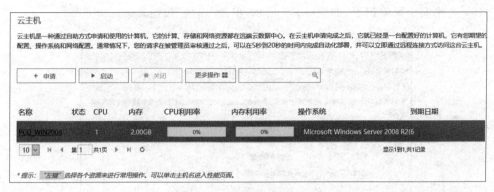

图 3-173　SSV"云主机"列表

图 3-174　确认启动

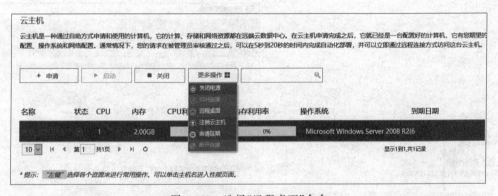

图 3-175　选择"远程桌面"命令

图 3-176　保存远程桌面文件

（6）忽略安全风险提示，如图 3-177 所示，单击"连接"按钮。

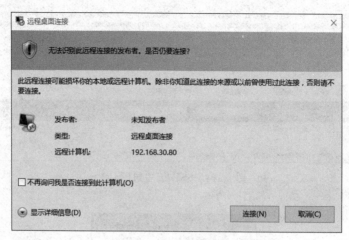

图 3-177　远程桌面安全提示

（7）输入用户名、密码，如图 3-178 所示，单击"确定"按钮。

（8）确认证书安全性，如图 3-179 所示，单击"是"按钮。

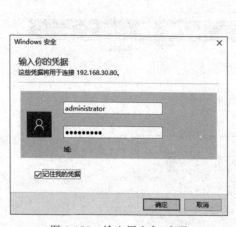

图 3-178　输入用户名、密码

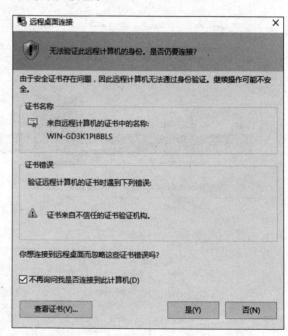

图 3-179　确认证书安全性

（9）连接成功后，输入系统账户，即可登录云主机，如图 3-180 所示。

2. 注销云主机

（1）登录 SSV，输入用户名 pcu，打开 SS 端云主机管理页面，如图 3-181 所示。

（2）选中云主机，在"更多操作"下拉菜单中选择"注销云主机"命令，如图 3-182 所示。

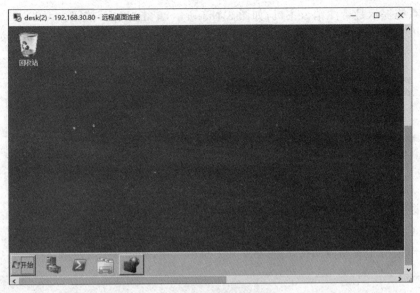

图 3-180　登录云主机

图 3-181　SSV 管理页面

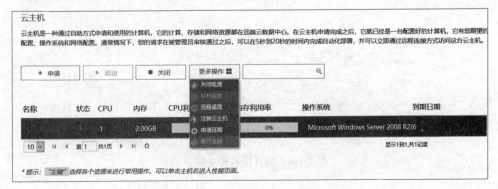

图 3-182　选择"注销云主机"命令

（3）系统提示是否注销云主机，如图 3-183 所示，单击"确定"按钮。

（4）申请注销云主机提交成功后，窗口右下角弹出提示"操作执行成功"，如图 3-184 所示。

图 3-183　确认注销　　　　　　　　　　　图 3-184　提示执行成功

（5）提交注销云主机后，在 CIC 管理员未审批通过之前，该云主机一直可用。

登录 CIC，依次展开左侧导航菜单"云服务"→"流程管理"→"云主机电子流"，单击注销云主机的申请电子流相应的按钮 处理云主机电子流，如图 3-185 所示。

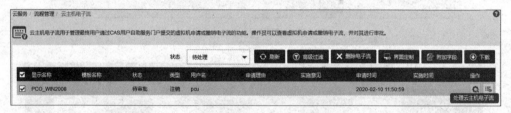

图 3-185　云主机电子流

（6）选择审批结果：通过，如图 3-186 所示，单击"确定"按钮。

图 3-186　选择审批电子流结果

（7）选择注销方式，输入处理意见，如图 3-187 所示，单击"确定"按钮。

注销方式包括保留虚拟机、删除虚拟机两种,选择任何一种方式审批,该云主机对用户都不再可用。

(8) 系统提示是否确认删除虚拟机,如图 3-188 所示,单击"确定"按钮。

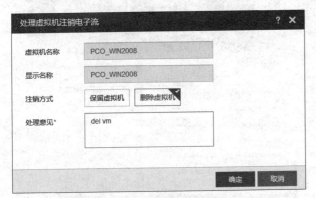

图 3-187　选择虚拟机注销方式

图 3-188　确认删除

(9) 审批通过该注销云主机电子流成功后,该云主机将不再可用,如图 3-189 所示。

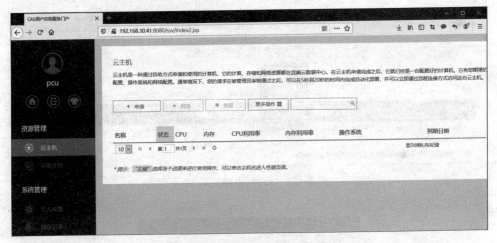

图 3-189　SSV"云主机"列表页面

3. 申请延期

用户申请云主机的时候,可以设置到期日期,CIC 管理员审批云主机的时候,也可以设置到期日期。云主机使用期限一旦到期,该云主机将不再可用,用户可以申请延期,再交由 CIC 管理员审批,审批通过后,该云主机将继续可用。

(1) 登录 SSV,输入用户名 pcu,打开云主机管理页面,如图 3-190 所示。

(2) 选中云主机,在"更多操作"下拉菜单中选择"申请延期"命令,如图 3-191 所示。

(3) 弹出"申请延期"对话框,输入申请理由,设置到期日期,如图 3-192 所示,单击"确定"按钮。

(4) 审批电子流。登录 CIC,依次展开左侧导航菜单"云服务"→"流程管理"→"云主机电子流",单击注销云主机的申请电子流相应的按钮 🔧 处理云主机电子流,如图 3-193 所示。

图 3-190 SSV 管理页面

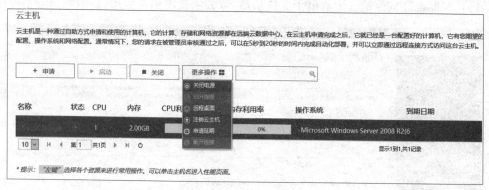

图 3-191 选择"申请延期"命令

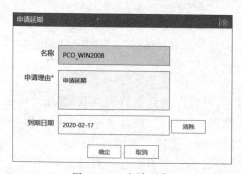

图 3-192 申请延期

（5）弹出"审批电子流"对话框，选择审批结果，输入处理意见，如图 3-194 所示，单击"确定"按钮。

（6）设置到期日期，输入处理意见，如图 3-195 所示，单击"确定"按钮。

清空到期日期表示该云主机无限期可用。

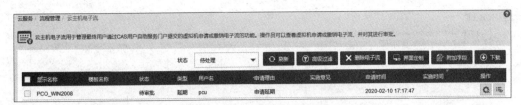

图 3-193 云主机电子流列表

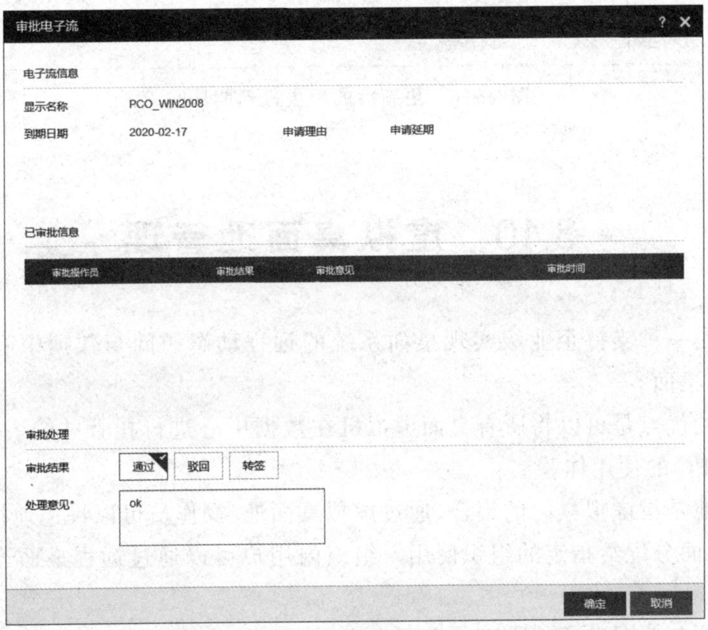

图 3-194 审批电子流

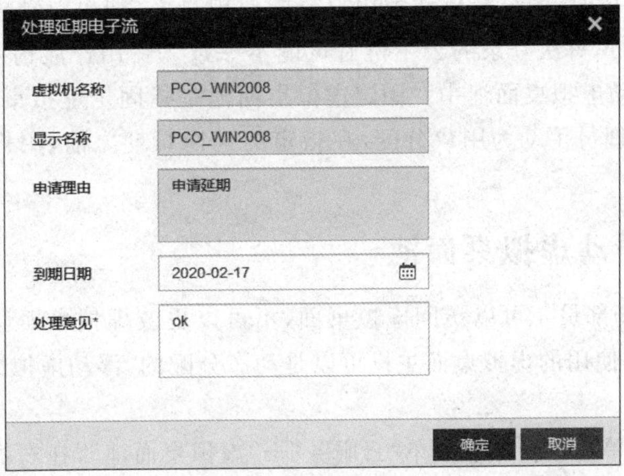

图 3-195 设置延期信息

(7) 登录 SSV,刷新页面,云主机的到期日期就更新了,如图 3-196 所示。

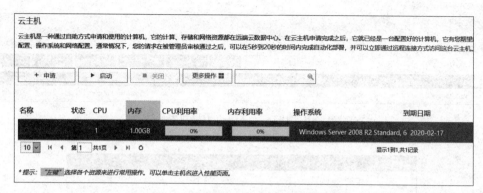

图 3-196　更新后的云主机到期日期

3.10　虚拟桌面池管理

虚拟桌面是一种支持企业级实现桌面系统的远程动态访问与数据中心统一托管的技术，类似于远程桌面。

虚拟桌面的优点是可以将所有桌面虚拟机在数据中心进行托管并统一管理，同时用户能够获得完整 PC 的使用体验。

虚拟桌面池是指虚拟桌面的集合，通过虚拟桌面池，操作员可以快速地批量部署虚拟桌面，并将虚拟桌面分配给指定的组织使用。组织内用户可以通过远程桌面连接协议轻松地访问虚拟桌面。

虚拟桌面池包括浮动虚拟桌面池和固定虚拟桌面池两种类型。浮动虚拟桌面池是指浮动虚拟桌面的集合，浮动虚拟桌面不需 CIC 管理员手动分配，当该浮动桌面池指定用户分组中的用户登录 SSV 时，系统会自动为用户分配虚拟桌面，如果浮动虚拟桌面池中存在多个浮动虚拟桌面，用户每次登录的云主机有可能不一致。在用户注销 SSV 后，系统会将该虚拟桌面回收到浮动虚拟桌面池中。固定虚拟桌面池是指固定虚拟桌面的集合，固定虚拟桌面池需要 CIC 管理员手动为用户分配，在指定的到期日期之前，用户可以持续使用该虚拟桌面。

3.10.1　增加浮动虚拟桌面池

项目要求：市场部员工可以访问虚拟桌面，不可以更改虚拟桌面设置。员工不允许更改虚拟桌面设置，其使用的虚拟桌面主机可以是动态分配的，浮动虚拟桌面池的分配方式适合市场部员工使用。

（1）登录 CIC，单击左侧导航菜单"云服务"→"虚拟桌面池"，在右侧"虚拟桌面池"列表页面，单击"增加虚拟桌面池"按钮，如图 3-197 所示。

（2）弹出"增加虚拟桌面池"对话框，输入桌面池名称、桌面数量，选择分配方式，打开"立即部署"，如图 3-198 所示，单击"下一步"按钮。

注意：增加浮动虚拟桌面池操作成功后，系统中将会增加相应数量的虚拟桌面主机。

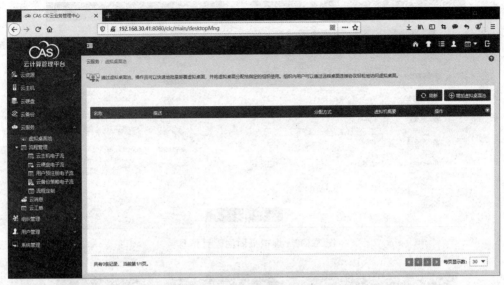

图 3-197 "虚拟桌面池"列表页面

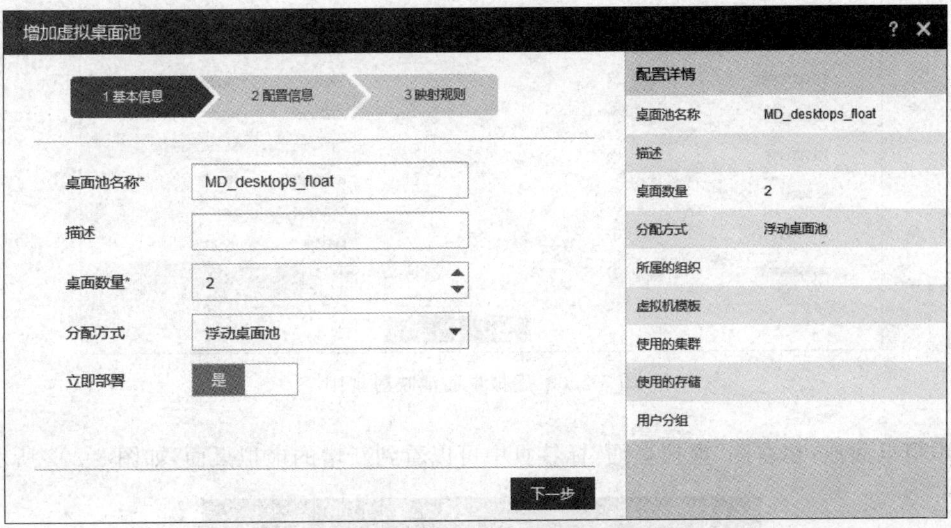

图 3-198 虚拟桌面池基本信息

该数字设置的大小务必要谨慎,过大会造成过量硬件资源被消耗、浪费。

(3) 输入市场部员工所属的组织,以及使用的虚拟机模板、集群、存储、用户分组,如图 3-199 所示,单击"下一步"按钮。

虚拟机模板如果没有发布,可以单击"虚拟模板"相应的"搜索"按钮后,单击"发布模板"按钮发布模板。

(4) 设置虚拟桌面主机上可用的硬件信息,如图 3-200 所示,单击"完成"按钮。

(5) 设置虚拟桌面主机的 IP、子网掩码、网关、DNS 等网络参数,如图 3-201 所示,单击"确定"按钮。

(6) 增加浮动虚拟桌面池的操作成功后,稍等几分钟,待系统部署好虚拟桌面后,打开

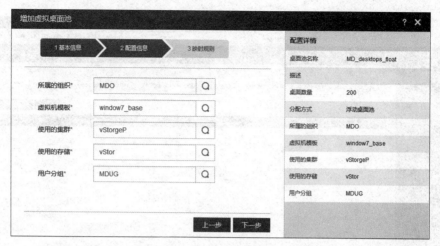

图 3-199　虚拟桌面池配置信息

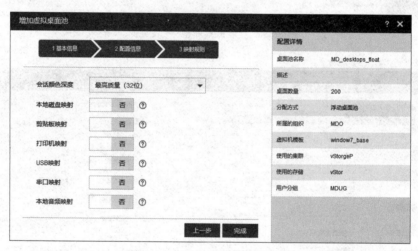

图 3-200　虚拟桌面池映射规则

浮动虚拟桌面池,在右侧"虚拟桌面"标签页中可以看到新增的虚拟桌面,如图 3-202 所示。

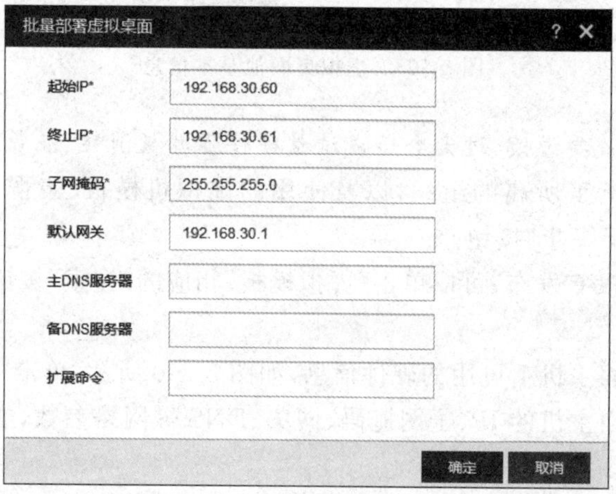

图 3-201　虚拟桌面地址信息

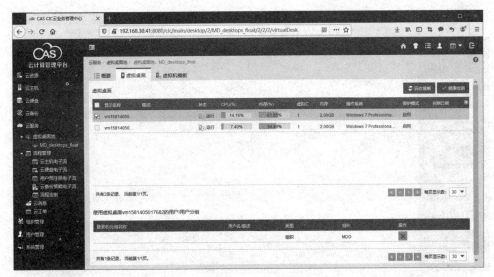

图 3-202 虚拟桌面池的"虚拟桌面"列表页面

(7) 登录 SSV,输入市场部员工账户信息,测试虚拟桌面。打开"云主机"列表页,如图 3-203 所示,会发现增加了一台云主机。

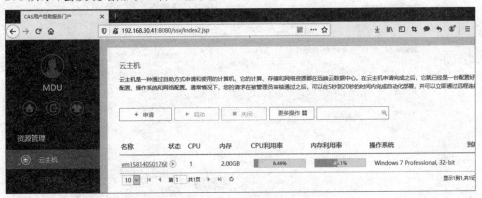

图 3-203 SSV"云主机"列表页面

3.10.2 增加固定虚拟桌面池

项目要求:技术部员工访问虚拟桌面后,必须保存员工数据。员工要保存数据,其使用的虚拟桌面主机必须是固定的,不能够是动态随机分配,固定虚拟桌面池的分配方式适合技术部员工使用。

(1) 登录 CIC,单击左侧导航菜单"云服务"→"虚拟桌面池",在右侧"虚拟桌面池"列表页面单击"增加虚拟桌面池"按钮,如图 3-204 所示。

(2) 输入桌面池名称、描述,设置桌面数量,选择分配方式,如图 3-205 所示,单击"下一步"按钮。

(3) 输入技术部员工所属的组织,以及使用的虚拟机模板、集群、存储,如图 3-206 所示,单击"完成"按钮。

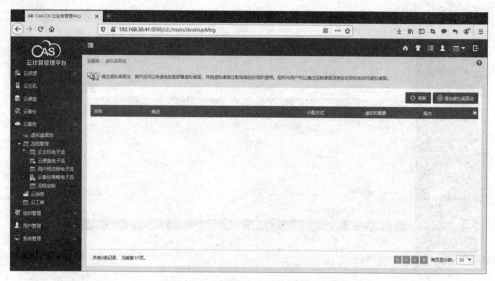

图 3-204　虚拟桌面池列表页面

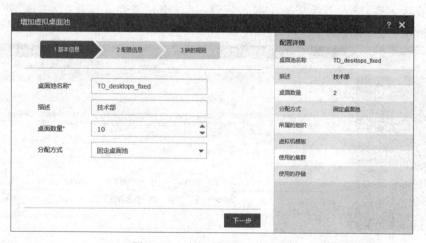

图 3-205　虚拟桌面池基本信息

（4）增加固定虚拟桌面池的操作成功后，需要 CIC 管理员通过虚拟模板手动部署、分配用户或者用户组。

单击左侧导航菜单"云服务"→"虚拟桌面池"→TD_desktops_fixed，在右侧虚拟桌面池页面单击"虚拟机模板"标签，如图 3-207 所示。

（5）单击虚拟机模板相应的部署虚拟桌面按钮，输入显示名称、描述，关闭保护模式，打开"快速部署"，如图 3-208 所示，单击"下一步"按钮。

关闭保护模式表示用户登录该虚拟机后，对虚拟机的修改包括系统操作、文件操作都将会被保存，否则不保存。

（6）选择分配方式，以及相应的用户或者用户分组，如图 3-209 所示，单击"下一步"按钮。

分配方式包括不分配、分配给用户、分配给用户组三种。

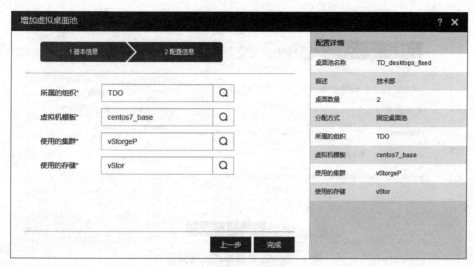

图 3-206　虚拟桌面池配置信息

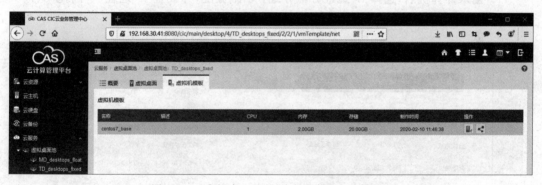

图 3-207　虚拟桌面池的"虚拟机模板"列表页面

图 3-208　部署虚拟机的基本信息

图 3-209 部署虚拟机的配置信息

（7）输入计算机名,选择 IP 地址分配方式:手工分配,并设置 IP 地址、子网掩码、网关等网络参数,如图 3-210 所示,单击"下一步"按钮。

图 3-210 部署虚拟机的系统参数

（8）输入登录主机的账户信息,如图 3-211 所示,单击"完成"按钮。

如果新部署的虚拟机中不存在该用户账户,系统将在虚拟机中新增该用户账户。

（9）部署虚拟桌面的操作成功后,稍等几分钟,待系统部署好虚拟桌面后,打开固定虚拟桌面池,在右侧"虚拟桌面"标签页中可以看到新增的虚拟桌面,如图 3-212 所示。

（10）登录 SSV,输入技术部员工账户信息,测试虚拟桌面。打开"云主机"列表页,如图 3-213 所示,会发现增加了一台云主机,此时可以通过 SSH 软件远程登录该虚拟桌面。

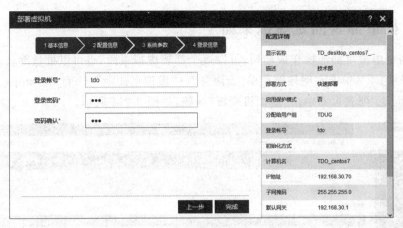

图 3-211 部署虚拟机的登录信息

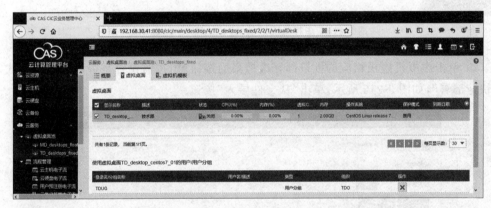

图 3-212 虚拟桌面池的"虚拟桌面"列表页面

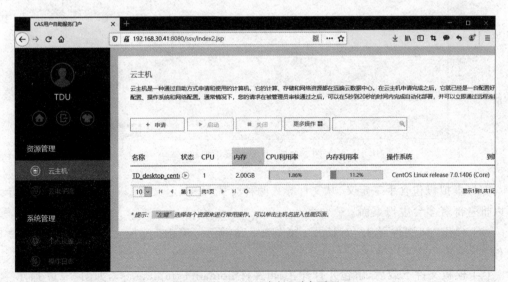

图 3-213 SSV"云主机"列表页面

3.10.3　批量部署固定虚拟桌面

增加固定虚拟桌面池操作成功后，可以逐个部署虚拟桌面，也可以批量部署虚拟桌面。

（1）登录 CIC，单击左侧导航菜单"云服务"→"虚拟桌面池"→TD_desktops_fixed，在右侧"虚拟桌面池"列表页面单击"虚拟机模板"标签，如图 3-214 所示。

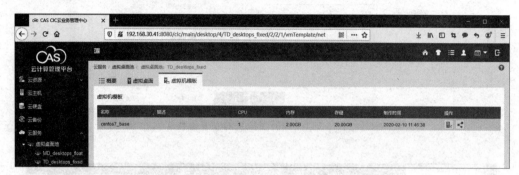

图 3-214　虚拟桌面池的"虚拟机模板"列表页面

（2）单击虚拟机模板相应的批量部署虚拟桌面按钮 ，按需设置是否打开保护模式，打开"快速部署"，如图 3-215 所示，单击"从文件导入"按钮。

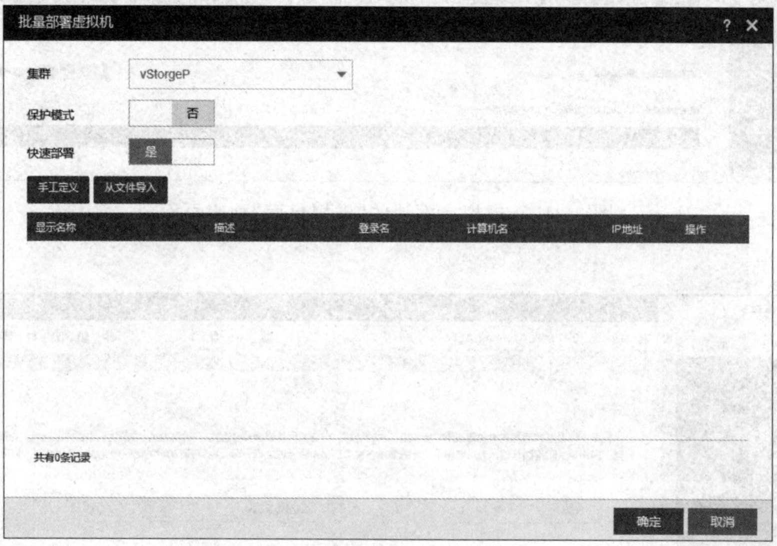

图 3-215　批量部署虚拟机

部署虚拟机包含手工定义、从文件导入两种方式，手工定义类似逐个部署，从文件导入可以批量部署多台虚拟桌面。

（3）弹出"从文件导入"对话框，如图 3-216 所示，单击"模板文件"链接，下载模板文件。

（4）模板文件下载后，解包并打开，编辑文件 domainTemplate.csv，如图 3-217 所示。

虚拟桌面池 TD_desktops_fixed 已经设置了 TDO 组织，该模板文件中的用户、用户分组必须属于 TDO 组织，否则虚拟桌面部署成功后会显示未分配用户、用户组。

图 3-216　"从文件导入"对话框

用户/用户分组名	主机名	主机登录名	密码	显示名称	CPU个数	CPU核数	内存大小	内存单位（MB或GB）	IP地址	IP地址掩码	域	工作组
tdu	host-1	tdu	123456	tdu_1	1	1	1024	MB	2.168.30.	255.255.255.0		WORKGROUP
tdu	host-2	tdu	123456	tdu_2	1	1	1024	MB	2.168.30.	255.255.255.0		WORKGROUP
tdu	host-3	tdu	123456	tdu_3	1	1	1024	MB	2.168.30.	255.255.255.0		WORKGROUP

图 3-217　编辑模板文件

（5）选择新编辑的模板文件，设置导入起始行：2，如图 3-218 所示，单击"下一步"按钮。

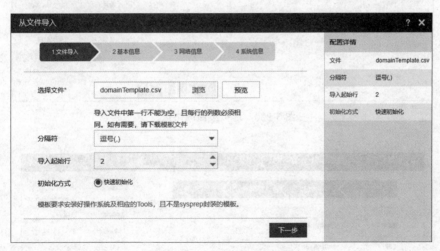

图 3-218　文件导入详细信息

（6）按照模板文件内容选择显示名称所在的数据列，选择分配方式：分配给用户，并设置用户/用户分组所在的数据列，如图 3-219 所示，单击"下一步"按钮。

（7）选择计算机名所在的数据列，选择 IP 地址分配方式：DHCP，如图 3-220 所示，单击"下一步"按钮。

（8）选择登录用户名、密码所在的数据列，如图 3-221 所示，单击"完成"按钮。

（9）回到"批量部署虚拟机"对话框，如图 3-222 所示，单击"确定"按钮。

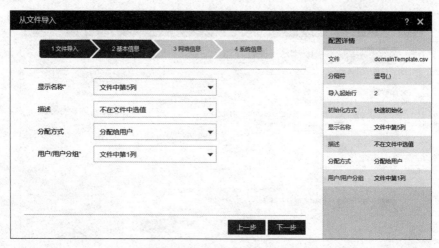

图 3-219 虚拟桌面的分配用户/用户分组

图 3-220 虚拟桌面网络信息

图 3-221 虚拟桌面系统信息

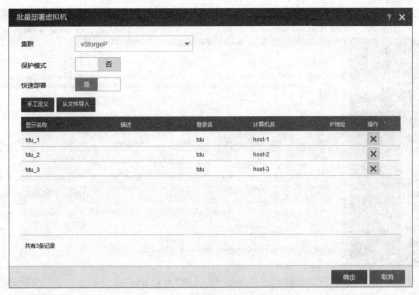

图 3-222　批量部署虚拟机

（10）批量部署虚拟桌面的操作成功后，稍等几分钟，待系统部署好虚拟桌面后，打开固定虚拟桌面池，在右侧"虚拟桌面"标签页中可以看到新增的虚拟桌面，如图 3-223 所示。

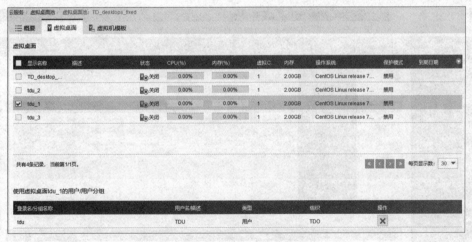

图 3-223　"虚拟桌面"列表页面

（11）登录 SSV，输入用户名 tdu，测试虚拟桌面。打开"云主机"列表页，会发现增加了三台云主机，如图 3-224 所示。

3.10.4　分配固定虚拟桌面池的虚拟桌面

在固定虚拟桌面池中部署好虚拟桌面后，可以对使用虚拟桌面的用户/用户分组进行管理，包括分配、删除等操作。

图 3-224　SSV"云主机"列表页面

1. 分配虚拟机

（1）登录 CIC，单击左侧导航菜单"云服务"→"虚拟桌面池"→TD_desktops_fixed，在右侧"虚拟桌面"列表页面中右击预分配的虚拟桌面，在弹出的快捷菜单中选择"分配虚拟机"命令，如图 3-225 所示。

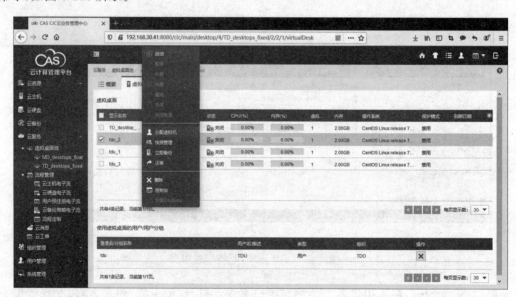

图 3-225　虚拟桌面池列表页面

分配虚拟机不能批量操作，每次只能分配一台虚拟机，因此选择了多台虚拟桌面后，在右键弹出菜单中就没有"分配虚拟机"命令。

（2）选择分配方式，并选择相应的用户/用户分组，如图 3-226 所示，单击"确定"按钮。

（3）分配虚拟机操作成功后，"使用虚拟桌面的用户/用户分组"列表中新增加了用户/用户分组，如图 3-227 所示。

图 3-226　分配用户/用户分组

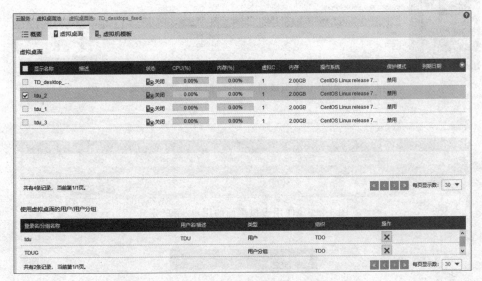

图 3-227　虚拟桌面池的"虚拟桌面"列表页面

2. 删除分配的用户/用户分组

（1）登录 CIC，打开固定虚拟桌面池的"虚拟桌面"列表页面，如图 3-228 所示。

（2）选中虚拟桌面，在下方"使用虚拟桌面的用户/用户分组"中单击预删除用户/用户分组相应的"删除"按钮 ✕，如图 3-229 所示。

（3）系统提示是否确认删除用户，如图 3-230 所示，单击"确定"按钮。

3.10.5　管理虚拟桌面池

增加虚拟桌面池操作成功后，CIC 管理员可以对虚拟桌面池进行修改、定义回收策略、删除，以及进行虚拟桌面池的虚拟桌面管理、虚拟机模板管理等。

1. 修改虚拟桌面池

（1）登录 CIC，单击左侧导航菜单"云服务"→"虚拟桌面池"，在右侧"虚拟桌面池"列表页面中单击虚拟桌面池相应的编辑按钮 ✎，如图 3-231 所示。

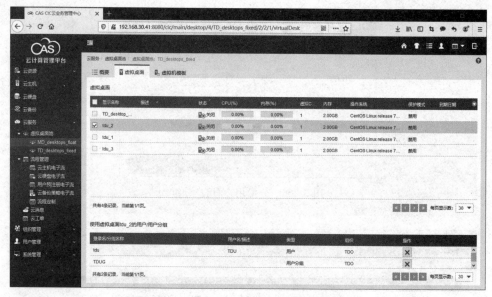

图 3-228　虚拟桌面池的"虚拟桌面"列表页面

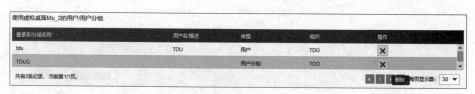

图 3-229　使用虚拟桌面的用户/用户分组

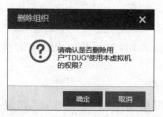

图 3-230　确认删除提示框

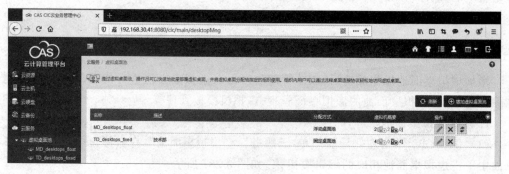

图 3-231　"虚拟桌面池"列表页面

（2）按需修改虚拟桌面池的描述、桌面数量、是否立即部署，如图 3-232 所示，单击"下一步"按钮。

图 3-232 虚拟桌面池基本信息

虚拟桌面池的名称、分配方式不可以修改。

（3）按需修改虚拟桌面池所属的组织，可用的虚拟机模板、集群、存储、用户分组，如图 3-233 所示，单击"下一步"按钮。

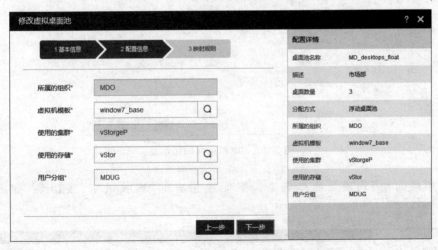

图 3-233 虚拟桌面池配置信息

（4）按需修改虚拟桌面允许使用的硬件，如图 3-234 所示，单击"下一步"按钮。

（5）按需修改网络参数信息，如图 3-235 所示，单击"确定"按钮。

IP 地址范围应该大于或等于虚拟桌面的数量。

2. 回收策略

定义回收策略并且当回收策略处于生效状态时，CIC 将定时对虚拟桌面进行回收、启动、关闭等操作。回收策略适用于浮动虚拟桌面池，不适用于固定虚拟桌面池。

（1）登录 CIC，单击左侧导航菜单"云服务"→"虚拟桌面池"→MD_desktops_float，在

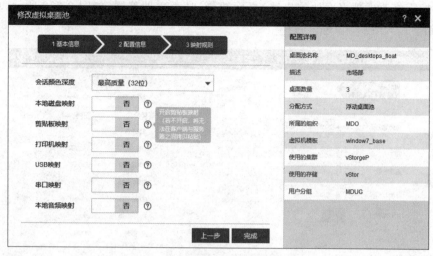

图 3-234　虚拟桌面池映射规则

图 3-235　虚拟桌面网络信息

右侧"虚拟桌面池"列表页面单击虚拟桌面池相应的"回收策略"按钮 ⇅，如图 3-236 所示。

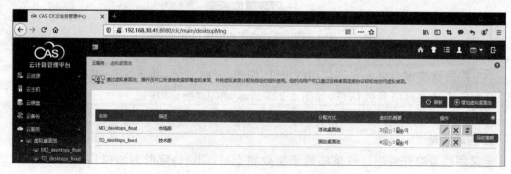

图 3-236　"虚拟桌面池"列表页面

（2）选择回收策略的动作、频率、执行时间，是否立即生效，如图 3-237 所示，单击"确定"按钮。

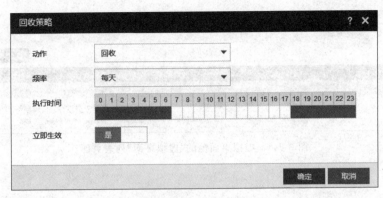

图 3-237 回收策略

回收策略的动作包括回收、关闭、启动三种方式，默认值为回收。回收：执行回收策略时回收虚拟桌面，用户不再可用该虚拟桌面池，执行时间以外，CIC 再自动分配虚拟桌面。关闭：执行关闭策略时关闭虚拟桌面。启动：执行启动策略时启动虚拟桌面。

3. 删除虚拟桌面池

（1）登录 CIC，单击左侧导航菜单"云服务"→"虚拟桌面池"，在右侧"虚拟桌面池"列表页面单击预删除虚拟桌面池的"删除"按钮 ✖，如图 3-238 所示。

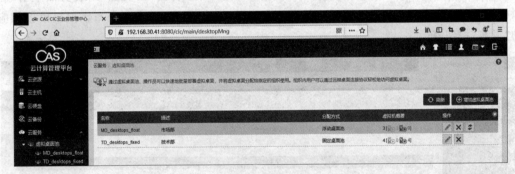

图 3-238 "虚拟桌面池"列表页面

（2）系统提示是否确认删除虚拟桌面池，如图 3-239 所示，单击"确定"按钮。

（3）如果预删除的虚拟桌面池中存在虚拟桌面，系统会提示不允许删除，如图 3-240 所示，单击"确定"按钮。

图 3-239 确认删除提示框

图 3-240 错误提示框

（4）切换至虚拟桌面池相应的虚拟桌面，删除所有虚拟桌面后再执行删除虚拟桌面池操作，就可以删除虚拟桌面池了，如图 3-241 所示。

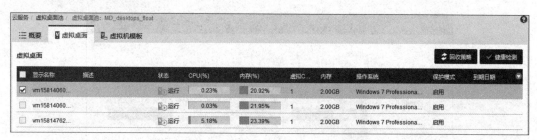

图 3-241　虚拟桌面池的"虚拟桌面"列表页面

3.11　虚拟机模板发布

虚拟机被克隆或者转换为模板后，CIC 管理员必须将虚拟机模板授权给某些组织，CIC 管理员方可使用该虚拟机模板部署云主机/虚拟桌面，该操作称为发布虚拟机模板。

3.11.1　发布虚拟机模板

（1）登录 CIC，单击左侧导航菜单"云资源"→CVM，在右侧"云资源"列表页面单击"虚拟机模板"标签，打开"虚拟机模板"列表页面，如图 3-242 所示，单击预发布虚拟机模板相应的"发布"按钮 。

图 3-242　CVM 下"虚拟机模板"列表页面

（2）弹出"未发布虚拟机模板的组织"对话框，选中授权的组织，如图 3-243 所示，单击"确定"按钮。

列表中只显示未发布该虚拟机模板的组织，已发布的组织不显示。

如果预发布的组织不在列表中，可以单击"增加"按钮增加组织。

（3）完成发布虚拟机模板的操作。

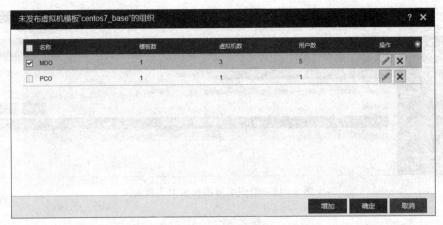

图 3-243 CVM 下虚拟机模板未发布的组织

3.11.2 删除组织中发布的虚拟机模板

(1) 登录 CIC,单击左侧导航菜单"组织管理"→MDO,在右侧页面中单击"模板"标签,打开虚拟机模板列表页面,如图 3-244 所示,单击预删除模板相应的"删除"按钮 ✖。

图 3-244 组织下可用模板列表页面

该列表中列出了该组织下发布的所有虚拟机模板。

(2) 系统提示是否确认删除虚拟机模板,如图 3-245 所示,单击"确定"按钮。

图 3-245 确认删除提示框

(3) 完成虚拟机模板删除操作后,结果如图 3-246 所示。

图 3-246　组织下可用模板列表页面

项 目 总 结

本项目介绍了 H3C CAS 的 CIC、SSV、vStor 等组件的功能特点，以架构混合云为操作案例，重点介绍了 RAID、CIC 用户、云主机、虚拟桌面池、分布式存储系统 vStor 的有关知识，以及云用户的管理、云主机的租赁，以及虚拟桌面池等公有云业务相关配置方法和操作技巧。通过配置 vStor，可以架构一套完整的分布式存储系统，将分散在不同地理位置、不同服务器上的空闲磁盘有效利用起来，组建成一个共享存储（如 iSCSI、FC 存储），数据被分散存储在不同服务器上，一方面提升了磁盘空间利用率，另一方面也提升了数据的读写并发性与安全性。在配置 vStor 分布式存储系统、管理云主机、管理虚拟桌面池时需注意以下几个问题。

（1）vStor 的节点至少三个或以上，并且建议在集群中一次性添加所有节点，节点添加成功后，不允许修改节点的授权配置文件、IP 地址、root 密码，否则会造成 vStor 节点失效，甚至数据丢失。

（2）增加 vStor 的节点后，存储空间为 0。可能的原因：磁盘挂载包括手动挂载和自动挂载两种方式，vStor 节点的磁盘推荐使用自动挂载，否则重启系统后会造成磁盘丢失，增加 vStor 的节点后，存储空间则为 0。

（3）所有存储卷 LUN 的容量总和不能超过集群容量的一半，因为每份数据默认保留两份。

（4）虚拟桌面池包括浮动虚拟桌面池和固定虚拟桌面池两种方式，浮动虚拟桌面池用户每次登录由系统从虚拟桌面池中自动分配一台虚拟桌面，每一次分配的虚拟桌面有可能不一致，浮动虚拟桌面池只适合临时用户，不能够保存用户数据。固定虚拟桌面池用户由管理员手动分配虚拟桌面，虚拟桌面是固定分配，管理员可以设置是否允许用户保存数据。

（5）删除虚拟桌面池时，系统会提示有存在的虚拟桌面，应确认并做出处理。

参 考 文 献

[1] 新华三技术有限公司. H3C CAS 云计算管理平台 安装指导-E0710-5W108[EB/OL]. [2022-12-04]. https://www.h3c.com/cn/d_202012/1361756_30005_0.htm.

[2] 新华三技术有限公司. H3C CAS CVM 联机帮助-E0535-5W100[EB/OL]. [2022-05-30]. https://www.h3c.com/cn/d_202005/1299658_30005_0.htm.

[3] 杭州华三通信技术有限公司. H3C CAS 零存储环境搭建配置操作手册[EB/OL]. (2014-08-01)[2022-10-11]. https://ishare.iask.sina.com.cn/f/U1xoJRQjFF.html.

[4] 何淼,史律,曲文尧,等. 云计算基础架构平台构建与应用[M]. 北京:高等教育出版社,2017.